I0485956

Louis Figuier

Le Télégraphe Électrique

Les Merveilles de la science

Le code de la propriété intellectuelle du 1er juillet 1992 interdit en effet expressément la photocopie à usage collectif sans autorisation des ayants droit. Or, cette pratique s'est généralisée dans les établissements d'enseignement supérieur, provoquant une baisse brutale des achats de livres et de revues, au point que la possibilité même pour les auteurs de créer des oeuvres nouvelles et de les faire éditer correctement est aujourd'hui menacée. En application de la loi du 11 mars 1957, il est interdit de reproduire intégralement ou partiellement le présent ouvrage, sur quelque support que ce soir, sans autorisation de l'Editeur ou du Centre Français d'Exploitation du Droit de Copie , 20, rue Grands Augustins, 75006 Paris.

ISBN : 978-1519191021

10 9 8 7 6 5 4 3 2 1

Louis Figuier

Le Télégraphe Électrique

Les Merveilles de la science

Table de Matières

L'idée de la télégraphie électrique est née avec l'observation des premiers phénomènes de l'électricité. Cette idée était tellement simple, tellement naturelle, qu'elle vint à l'esprit des physiciens qui observèrent les premiers avec quelle rapidité prodigieuse le fluide électrique circule dans un corps conducteur. Mais pour plier aisément l'électricité aux exigences infinies des communications télégraphiques, il aurait fallu posséder une connaissance approfondie de cet agent. Or, pendant toute la durée du XVIIIe, l'électricité ne fut connue que dans une partie de ses propriétés. Aussi, bien des tentatives, bien des essais inutiles, furent-ils réalisés à cette époque : l'idée de la télégraphie électrique fut, dans cet intervalle, vingt fois abandonnée et reprise. D'ailleurs, en même temps que les physiciens s'efforçaient d'appliquer l'électricité à la télégraphie, d'autres savants cherchaient la solution du même problème dans l'emploi de moyens en apparence plus simples. Un grand nombre de mécaniciens s'occupaient d'établir un système rapide de correspondance en combinant divers signaux formés dans l'espace et visibles à des distances éloignées. Les difficultés sans cesse renaissantes que l'on rencontrait alors dans le maniement pratique de l'électricité, encourageaient les efforts des partisans de la télégraphie aérienne. Enfin, dans les dernières années du XVIIIe siècle, arriva l'invention, faite par Claude Chappe, de la télégraphie aérienne, qui répondait, à cette époque, à tous les besoins. C'est alors que ce système fut adopté et établi dans toute l'Europe, comme nous l'avons raconté, et les recherches relatives à la télégraphie électrique éprouvèrent un long temps d'arrêt.

Cependant la physique ne tarda pas à s'enrichir d'admirables conquêtes ; l'électricité manifesta des propriétés inattendues. Ces caractères, ces aptitudes nouvelles, si heureusement découverts dans l'agent électrique, permirent de le manier et de l'assouplir, comme le plus docile de nos instruments. Dès lors, la télégraphie électrique regagna le terrain qu'elle avait perdu ; elle ne tarda pas à mettre en évidence son incontestable supériorité sur la télégraphie aérienne, à se substituer peu à peu à sa rivale, enfin à la détrôner sans retour. C'est l'histoire des efforts successifs qui ont été tentés pour arriver à créer la télégraphie électrique, que nous présenterons dans les premières pages de cette notice.

Louis Figuier

CHAPITRE PREMIER

PREMIERS ESSAIS D'APPLICATION DE L'ÉLECTRICITÉ À LA TRANSMISSION DES SIGNAUX. — LE JÉSUITE STRADA. — LE PÈRE LEURECHON ET SON CADRAN MYSTIQUE. — SOUCHU DE TOURNEFORT. — PREMIÈRE MENTION FAITE DANS UN RECUEIL SCIENTIFIQUE ÉCOSSAIS, DE L'IDÉE D'UN TÉLÉGRAPHE AU MOYEN DE L'ÉLECTRICITÉ STATIQUE. — TÉLÉGRAPHE ÉLECTRIQUE DE G. L. LESAGE. — LOMOND. — REISER. — BETTANCOURT. — FRANÇOIS SALVA.

Les phénomènes de l'électricité statique ne sont connus que depuis le milieu du siècle dernier : c'est en 1746, comme on l'a raconté dans le premier volume de cet ouvrage, que furent découverts les faits qui devaient servir de base à toute une science nouvelle. L'observation du transport à distance de l'électricité, celle des corps conducteurs et non conducteurs, les curieuses propriétés de l'étincelle électrique, avaient commencé d'exciter au plus haut degré l'attention des savants. Bientôt les découvertes arrivèrent de tous les côtés. Musschenbroek construisait la bouteille de Leyde ; on essayait, en France et en Angleterre, d'apprécier la vitesse de l'électricité, et Lemonnier voyait, avec un étonnement profond, ce fluide franchir, dans un temps inappréciable, la distance de deux lieues. Peu de temps après, les physiciens français découvraient la présence de l'électricité libre au sein de l'atmosphère, et s'apprêtaient à aller conjurer au sein des nuées orageuses les terribles effets de l'électricité météorique.

Au milieu de cet élan général vers l'étude des phénomènes électriques, il était impossible que l'idée d'appliquer l'électricité à la transmission des signaux ne vînt pas à se produire.

Déjà d'ailleurs, et avant même la découverte des phénomènes électriques proprement dits, on avait vaguement signalé la possibilité d'appliquer l'action des aimants à une correspondance entre deux points peu éloignés.

L'idée de faire servir le magnétisme à une correspondance télégraphique, remonte jusqu'au XVIIᵉ siècle ; mais il est difficile de décider si elle a été proposée sérieusement ou comme un pur amusement philosophique. Le lecteur en jugera lui-même d'après les documents historiques qui se rapportent à cette question.

Prolusiones academicœ (*Récréations académiques*), tel est le titre d'un ouvrage latin, aujourd'hui fort inconnu, qui fut publié en 1617, et dans lequel l'auteur, Flaminius Strada, jésuite de Rome, s'amuse à imiter alternativement dans ses vers, le style des principaux écrivains latins. Dans le passage de ce livre où il prétend imiter Lucrèce, Flaminius Strada expose assez longuement le moyen de correspondre d'un lieu à un autre et à travers une grande distance, au moyen de deux aimants.

Si deux personnes éloignées veulent échanger leurs pensées, il leur suffit, nous dit le jésuite romain, de se munir chacune, d'une aiguille aimantée par un même aimant et de disposer cette aiguille au milieu d'un cercle portant les lettres de l'alphabet. Si l'une des personnes vient à approcher une tige de fer de l'une des lettres, l'aiguille aimantée s'y portera aussitôt. On verra alors l'aimant éloigné se porter vers la même lettre de l'alphabet, et l'on pourra ainsi, en présentant à l'une des deux stations la tige de fer devant les différentes lettres du cadran, composer et transmettre des mots à un observateur placé à une grande distance.

L'opération, comme on le voit, appartient au domaine de la fantaisie pure, car deux aimants distants l'un de l'autre, bien qu'ayant reçu d'un même aimant leur vertu magnétique, n'ont entre eux aucune *sympathie*, comme on disait alors, qui pourrait produire ces mouvements concordants.

Mais, hâtons-nous de citer le document original. Après avoir fait connaître les propriétés de l'aimant, Flaminius Strada ajoute :

Ergo age, si quid scire voles, qui distat, amicum,
Ad quem nulla accedere possit epistola ; sume
Planum orbem patulumque, notas elementaque prima,
Ordine quo discunt pueri, describe per oras
Extremas orbis, medioque repone jacentem,

Quem tetigit magneta, stylum ; ut versatilis indè
Litterulam quamcumque velis, contingere possit.
Hujus ad exemplum, simili fabricaveris orbem
Margine descriptum, munitumque indice ferri,
Ferri quod motum magnete accepit ab illo.
Hunc orbem discessurus sibi portet amicus…

Louis Figuier

His ita compositis, si clàm cupis alloqui amicum
Quem procul à toto terraï distinet ora ;
Orbi adjunge manum, ferrum versatile tracta.
Hic disposta vides elementa in margine toto :
Queis opus est ad verba notis, hùc dirige ferrum,
Litterulasque, modo hanc, modo et illam, cuspide tange…
Componas singillatim sensa omnia mentis…
Quin etiam, cum stare stylum videt, ipse vicissim
Si quæ respondenda putet, simili ratione
Litterulis variè tactis, rescribit amicus.
O ! utinam hæc ratio scribendi prodeat usu.
Cautior et citior properaret epistola…[1]

« Si vous voulez avertir de quelque chose un ami absent auquel nulle lettre ne pourrait parvenir, prenez un disque plat et large, et inscrivez tout autour les lettres dans l'ordre de l'alphabet que l'on enseigne aux enfants ; au centre, placez horizontalement une tige mobile qui ait été aimantée par le contact d'un aimant, et qui puisse à volonté se porter sur les diverses lettres en parcourant ce cadran.

« Vous aurez préparé, d'un autre côté, un appareil tout semblable, contenant aussi les lettres de l'alphabet et muni d'une aiguille mobile *aimantée au contact de la première*. L'ami qui s'éloigne emportera ce dernier appareil avec lui.

« Les choses ainsi disposées, si vous désirez vous entretenir secrètement avec cet ami qui habite de lointains rivages, approchez votre main du cercle ; et faites tourner l'aiguille mobile. Vous voyez sur le bord de ce cercle, les lettres dont vous avez besoin pour former les mots. C'est sur ces lettres que vous dirigez votre aiguille, tantôt sur l'une, tantôt sur l'autre, et vous exprimez ainsi successivement chaque partie de votre pensée…

« Bien plus, lorsque votre ami verra s'arrêter l'aiguille, s'il désire vous répondre à son tour, il le fera en touchant de la même façon, une à une, les lettres de son propre cadran.

« Plût au ciel que cette manière de correspondre fût mise en usage ; une lettre s'expédierait ainsi avec plus de sécurité et de

1 Fiaminii Stradœ, romani e Societate Jesu, Prolusiones academicœ, Romœ, 1617, p. 362.

promptitude. »

Si le jésuite romain n'avait voulu, dans les vers qui précèdent, que tourner en ridicule quelques prétentions des physiciens de son temps, il faut convenir que le badinage de son esprit était fort heureux, car il mettait sur la voie d'une découverte importante. D'ailleurs cette idée du jésuite versificateur ne resta pas longtemps à l'état de plaisanterie.

Le père Leurechon, dont nous avons déjà cité, dans le premier volume de cet ouvrage. les *Récréations mathématiques*, publiées en 1626, donna à la rêverie mystique du jésuite romain, une forme scientifique.

Voici ce qu'on lit dans l'ouvrage du père Leurechon.

« Quelques-uns ont voulu dire que, par le moyen d'un aimant ou d'autre pierre semblable, les personnes se pourraient entre-parler. Par exemple, Claude étant à Paris et Jean à Rome, si l'un et l'autre avait une aiguille frottée à quelque pierre dont la vertu fût telle qu'à mesure qu'une aiguille se mouvrait à Paris, l'autre se remuât tout de même à Rome il se pourrait faire que Claude et Jean eussent chacun un même alphabet et qu'ils eussent convenu de se parler de loin tous les jours à 6 heures du soir, l'aiguille ayant fait trois tours et demi pour signal que c'est Claude et non un autre qui veut parler à Jean ; alors Claude, lui voulant dire que le roi est à Paris, il ferait mouvoir et arrêter son aiguille sur L, puis sur E, puis sur R, 0, I, et ainsi de suite. Or, en même temps, l'aiguille de Jean, s'accordant avec celle de Claude, irait se remuant et s'arrêtant sur les mêmes lettres, et, partant, l'un pourrait facilement écrire ou entendre ce que l'autre lui veut signifier.

L'invention est belle, mais je n'estime pas qu'il se trouve un aimant qui ait telle vertu : aussi n'est-il pas expédient, autrement les trahisons seraient trop fréquentes et trop couvertes. »

Le père Leurechon ajoute aux lignes qui précèdent une figure que nous reproduisons à la page suivante (fig. 30) et qui se compose d'une aiguille parcourant un cadran, sur lequel sont inscrites les lettres de l'alphabet. Tout cela n'avait de scientifique que la forme. Il ne suffisait pas de dire que « si l'on avait une aiguille frottée à une pierre, dont la vertu fût telle qu'à mesure qu'une aiguille se mouvrait à Paris, l'autre se remuât tout de même à Rome, » il fallait trouver cette pierre, et cette *pierre philosophale* de la physique n'existait que dans les rêveries des savants de cette époque.

Après le père Leurechon, plusieurs autres savants ont exprimé la même idée, ou plutôt le même rêve. Tel fut, par exemple, Souchu de Tournefort.

Fig. 30. — Cadran mystique du père Leurechon.

Souchu de Tournefort est l'auteur d'un petit livre publié en 1689, sous ce titre : l'*Aimant mystique*, et dans lequel les vertus de l'aimant sont rattachées aux préceptes de la religion chrétienne. Il fait mention dans ce livre des idées de Strada ; seulement il les trouve exagérées, et prétend que tout ce que l'on peut faire par ce moyen, c'est de *correspondre d'une chambre à une autre*. Ce passage du livre de Souchu de Tournefort montre que l'on avait pris au sérieux la pensée émise par Strada sous une forme peut-être ironique.

L'appareil au moyen duquel on essaya de tirer parti de cette idée, et auquel Souchu de Tournefort fait allusion, est bien probablement le même qui se trouve décrit dans un ouvrage qui fut publié plus tard, et qui était assez répandu au dernier siècle : *Les nouvelles récréations physiques et mathématiques* de Guyot;[1] l'auteur le décrit, en effet, comme un appareil déjà connu.

---

1 4 vol. in-8. Paris, 1769 (tom. I).

Dans cet appareil dont Guyot donne la figure et explique longuement le mécanisme, il s'agit de faire répéter à une aiguille placée au milieu d'un cadran qui porte des lettres ou des chiffres inscrits autour de sa circonférence, tous les mouvements d'une autre aiguille semblable, placée sur un cadran tout pareil. L'attraction de l'aiguille par un aimant caché au-dessous, est le principe du mouvement de cet appareil, qui se compose d'éléments purement mécaniques assez simples, mais dont nous passerons la description sous silence.

Sans nul doute ce petit instrument n'avait rien de commun avec un télégraphe électrique, car son jeu provenait d'organes mécaniques et non de l'électricité. Il est bien remarquable pourtant de voir une idée de ce genre réalisée mécaniquement au siècle dernier avant même la découverte des phénomènes électriques, et c'est ce qui nous a engagé à la rappeler ici.

Ce qui manquait aux appareils de Strada et à ses imitations, c'était l'agent électrique pour mettre en communication, à travers une grande distance, deux cadrans, ou un appareil quelconque destiné à exécuter des signaux. Les propriétés diverses de l'électricité, et surtout celle d'être transmise à distance avec une rapidité incommensurable, étaient à peine connues que l'idée vint aussitôt aux physiciens d'en tirer parti pour l'exécution d'un télégraphe.

La première mention qui ait été faite d'un appareil de ce genre, le premier appareil qui ait été proposé pour appliquer l'électricité à la transmission de la pensée, fut publiée par un recueil écossais, le *Scot's Magazine*, dans une lettre signée d'une simple initiale, et écrite de Renfrew, le 1er février 1753.[1] Il ne sera pas sans intérêt de reproduire ce document.

« Monsieur,

« Tous ceux qui s'occupent d'expériences d'électricité savent que la puissance électrique peut se propager, le long d'un fil, d'un lieu à un autre, sans être sensiblement affaiblie par la longueur de sa course. Supposons maintenant un faisceau de fils en nombre égal à celui des lettres de l'alphabet, étendus horizontalement entre deux lieux donnés parallèles l'un à l'autre, et distants l'un de l'autre d'un pouce.

---

1 Vol. XV, p. 88.

« Admettons qu'après chaque vingt yards (mètres) les fils soient reliés à un corps solide par une jointure de verre ou de mastic de joaillier, pour empêcher qu'ils n'arrivent en contact avec la terre ou quelque corps conducteur, et pour les aider à porter leur propre poids. La batterie électrique sera placée à angle droit à l'une des extrémités des fils, et le faisceau des fils à cette extrémité sera porté par une pièce de verre ; les portions des fils qui vont du verre-support à la machine ont assez d'élasticité et de roideur pour revenir à leur position primitive après avoir été amenés en contact avec la batterie. Tout près de ce même verre-support, du côté opposé, une balle ou boule descend suspendue à chaque fil, et, à un sixième ou un dixième de pouce au-dessous de chaque balle, on place l'une des lettres de l'alphabet, écrite sur de petits morceaux de papier ou d'une autre substance quelconque assez légère pour pouvoir être attirée et soulevée par la balle électrisée ; on prend en outre tous les arrangements nécessaires pour que chacun de ces petits papiers reprenne sa place lorsque la balle cesse de l'attirer.

« Tout étant disposé comme ci-dessus, je commence la conversation avec mon ami à distance, de cette manière : Je mets la machine électrique en mouvement, et si le mot que je veux transcrire est SIR, par exemple, je prends, avec un bâton de verre ou avec un autre corps électrique par lui-même ou isolant, les différents bouts de fils correspondant aux trois lettres qui composent le mot. Puis je les presse de manière à les mettre en contact avec la batterie. Au même instant, mon correspondant voit ces différentes lettres se porter, dans le même ordre, vers les balles électrisées à l'autre extrémité des fils : je continue à épeler ainsi les mots aussi longtemps que je le juge convenable ; et mon correspondant, pour ne pas les oublier, écrit les lettres à mesure qu'elles se soulèvent ; il les unit, et il lit la dépêche aussi souvent que cela lui plaît. À un signal donné, ou quand j'en ai le désir, j'arrête la machine, je prends la plume à mon tour, et j'écris ce que mon ami m'envoie de l'autre extrémité de la ligne.

« Si quelqu'un juge que ce mode de correspondance est quelque peu ennuyeux, au lieu de balles, il pourra suspendre au plafond une série de timbres en nombre égal à celui des lettres de l'alphabet, et diminuant graduellement de dimension depuis le timbre A jusqu'au timbre Z. Du premier faisceau de fils horizontaux, il en fera partir un autre aboutissant aux différents timbres, c'est-à-dire qu'un fil ira du fil A au timbre A, un autre du fil B au timbre B, etc.

« Alors celui qui commence la conversation amène successivement les fils en contact avec la batterie comme auparavant, et l'étincelle électrique, se déchargeant sur les timbres de dimensions différentes, désignera au correspondant, par le son produit, les fils qui auront été tour à tour touchés. De cette manière, et avec un peu de pratique, les deux correspondants arriveront sans peine à traduire en mots complets le langage des carillons, sans être assujettis à l'ennui de noter ou d'écrire chacune des lettres indiquées.

« On peut parvenir encore au même but d'une autre manière. Supposons que les balles soient suspendues au-dessus des caractères, comme dans la première expérience ; mais, au lieu d'amener les extrémités des fils horizontaux en contact avec la batterie, convenons qu'un second faisceau de fils partant de l'électrificateur vienne aboutir aux fils horizontaux du premier faisceau, et que tout soit en même temps disposé de telle sorte que chacun des fils de la deuxième série puisse être détaché du fil correspondant de la première par une pression exercée sur une simple touche, et qu'il revienne de nouveau aussitôt qu'on lui rend la liberté en cessant de presser. Ceci peut être obtenu par l'intermédiaire d'un petit ressort ou de vingt autres moyens que l'on imaginera sans peine. De cette manière, les caractères adhéreront constamment aux balles, excepté lorsque l'on éloignera un des fils secondaires du fil horizontal en contact avec la balle, et alors la lettre, à l'autre extrémité du fil horizontal, se détachera immédiatement de la balle, et sera par là même montrée au correspondant. Je mentionne en passant cette nouvelle disposition comme une variété intéressante.

« Quelqu'un pensera peut-être que, quoique le feu ou flux électrique n'ait pas paru sensiblement diminuer d'intensité dans sa propagation à travers les longueurs des fils expérimentés jusqu'ici, on peut raisonnablement supposer, comme les longueurs des fils n'ont pas dépassé 30 ou 40 yards, que, sur une longueur beaucoup plus grande, cette intensité diminuera considérablement et sera probablement tout à fait épuisée par l'action de l'air environnant, après un parcours de quelques milles.

« Pour prévenir cette objection et sans perdre de temps en arguments inutiles, je dirai qu'il suffira de recouvrir, les fils, d'une extrémité à l'autre, avec une couche mince de mastic de joaillier : ceci peut se faire avec une dépense additionnelle très-minime ; et comme cette couche est électrique par elle-même, c'est-à-dire isolante, elle mettra efficacement chaque partie du fil à l'abri de l'action épuisante de l'atmosphère.[1]

Je suis, etc.   C. M. »

L'appareil proposé par le savant écossais dont le nom se cache sous ces deux initiales, et que l'on croit être celui de *Charles Marshall*, savant écossais qui passait pour savoir *forcer la foudre à parler et à écrire sur les murs*, était fort judicieusement combiné. C'est pour nous aujourd'hui un sujet de surprise de trouver décrit, dès cette époque, un système réalisant d'une manière si rationnelle la télégraphie au moyen de l'attraction des corps électrisés. Cependant la lettre du savant anonyme n'attira aucune attention, car l'appareil qu'il propose ne fut jamais mis à exécution.

L'honneur d'avoir le premier exécuté, dans des conditions pratiques, un appareil de télégraphie fondé sur remploi de l'électricité statique, appartient à un savant génevois, d'origine française, nommé Georges-Louis Lesage.

Fig. 31. — Le premier télégraphe électrique (appareil de Georges

---

1 Journal *le Cosmos*, 1857.

Lesage, exécuté à Genève, en 1714).

Georges-Louis Lesage était un physicien habile qui a laissé des travaux estimés ; il vivait à Genève du produit de quelques leçons de mathématiques. C'est vers l'année 1760 que Lesage conçut le projet d'un télégraphe électrique, qu'il exécuta à Genève en 1774. L'instrument, qu'il imagina, et qui n'était d'ailleurs qu'un appareil de démonstration ou d'essai, se composait de vingt-quatre fils métalliques séparés les uns des autres et noyés dans une substance non conductrice. Chaque fil allait aboutir à un électromètre particulier formé d'une petite balle de sureau suspendue à un fil de soie. En mettant une machine électrique ou un bâton de verre électrisé, en contact avec l'un de ces fils, la balle de l'électromètre qui y correspondait était repoussée, et ce mouvement indiquait la lettre de l'alphabet que l'on voulait faire passer d'une station à l'autre. C'était, on le voit, avec bien peu de différences, l'appareil de notre savant écossais.

Lesage était en correspondance avec les savants les plus distingués de l'Europe, et particulièrement avec d'Alembert. C'est ce dernier sans doute qui lui suggéra l'idée de faire hommage de sa découverte au grand Frédéric, qui aurait aisément fait la fortune de l'invention. Lesage se proposait, en effet, d'offrir sa découverte au roi de Prusse ; il avait même préparé la lettre suivante, qui devait accompagner l'envoi de ses instruments :

« Ma petite fortune est non-seulement suffisante pour tous mes besoins personnels ; mais elle suffit même à tous mes goûts, excepté un seul, celui de fournir aux besoins et aux goûts des autres hommes. Ce désir-là, tous les monarques du monde réunis ne pourraient me mettre en état de le satisfaire pleinement. Ce n'est donc pas au patron qui peut donner beaucoup que je prends la liberté d'adresser la découverte suivante, mais à celui qui peut en faire beaucoup d'usage. »

Mais Frédéric se trouvait à cette époque au milieu des embarras de la guerre de Sept-ans ; Lesage abandonna son projet.

Cependant l'idée de la télégraphie électrique avait déjà si bien pénétré dans tous les esprits, qu'on la trouve quelques années après réalisée à la fois en France, en Allemagne et en Espagne.

En 1787, un physicien, nommé Lomond, avait construit à Paris, une petite machine à signaux fondée sur les attractions et répulsions des corps électrisés. C'est ce que nous apprend Arthur Young, dans son *Voyage en France*.

Fig. 32. — Georges-Louis Lesage de (Genève).

À la date du 16 octobre 1787, les *tablettes* d'Young contiennent le passage qui va suivre :

« Rendez-vous chez M. Lavoisier.

« Madame Lavoisier, personne pleine d'animation, de sens et de savoir, nous avait préparé un déjeuner anglais au thé et au café ; mais la meilleure partie de son repas, c'était la conversation. Le soir, visite à M. Lomond, jeune mécanicien trés-ingénieux et très-fécond, qui a apporté une modification au métier à filer le coton. Il a fait aussi une découverte remarquable sur l'électricité. On écrit deux ou trois mots sur un morceau de papier, il l'emporte dans une chambre et tourne une machine renfermée dans une caisse cylindrique, sur laquelle est un électromètre, petite balle de moelle de sureau ; un fil de métal la relie à une caisse également munie d'un électromètre placé dans une pièce éloignée. Sa femme, en notant les mouvements de la balle de sureau, écrit les mots qu'ils indiquent.

D'où l'on peut conclure qu'il a formé un alphabet au moyen de mouvements. Comme la longueur du fil n'a pas d'influence sur le phénomène, on peut correspondre ainsi à quelque distance que ce soit, par exemple, du dedans au dehors d'une ville assiégée, ou, pour un motif bien plus digne et mille fois plus innocent, l'entretien des, deux amants, privés d'en avoir d'autres.[1]»

En Allemagne, Reiser proposa, en 1794, d'éclairer à distance, au moyen d'une décharge électrique, les diverses lettres de l'alphabet, que l'on aurait découpées d'avance sur des carreaux de verre, recouverts de bandes d'étain. L'étincelle électrique devait se transmettre par vingt-quatre fils, correspondant aux vingt-quatre lettres ; on aurait isolé les fils en les enfermant sur tout leur parcours, dans des tubes de verre.

L'appareil de Reiser n'était autre chose que le *tableau magique* de Franklin, produit à distance, au moyen d'un fil conducteur.

En Espagne, Bettancourt, ingénieur d'un grand mérite, et dont nous avons cité le nom dans l'histoire de la machine à vapeur et dans celle du télégraphe aérien, avait déjà essayé, en 1787, d'appliquer l'électricité à la production des signaux, en se servant des bouteilles de Leyde, dont il faisait passer la décharge dans des fils allant de Madrid à Aranjuez. Mais quelques années plus tard, la télégraphie électrique était beaucoup plus avancée dans le même pays. En 1796, François Salva établit à Madrid un véritable télégraphe électrique.

François Salva était un médecin catalan qui s'était acquis dans la Péninsule une grande réputation, par le courage et la persévérance qu'il avait montrés comme propagateur des progrès de la vaccine. Il lutta pendant toute sa vie, contre l'ignorance du peuple et l'entêtement des moines.

Ce médecin, qui savait, comme on le voit, reconnaître et propager les découvertes utiles, présenta à l'Académie des sciences de Madrid, un mémoire sur l'application de l'électricité à la production des signaux. Le prince de la Paix voulut examiner ses appareils, et charmé de la promptitude de leurs effets, il les fit fonctionner lui-même, en présence du roi. À la suite de ces essais, l'infant don Antonio, fils de Ferdinand, fit construire, dit-on, un

1 *Voyages en France pendant les années* 1787, 1788 *et* 1789, par Arthur Young. — Nouvelle traduction, par M. Jules Lesage. Paris, 1860, chez Guillaumin.

télégraphe de ce genre, qui embrassait un espace étendu.

Toutefois, hâtons-nous de le dire, un télégraphe électrique, fondé sur l'attraction et la répulsion des corps électrisés, ne pouvait, dans aucun cas, être considéré comme un appareil utile. On pouvait en faire une curieuse machine de cabinet, un instrument propre à fournir quelques expériences intéressantes, mais il était impossible de songer à l'appliquer au dehors à une correspondance télégraphique. À la fin du dernier siècle, on ne connaissait encore que l'électricité *statique*, c'est-à-dire celle qui est dégagée par le frottement et fournie par les machines électriques. Mais l'électricité provenant de cette source, ne réside qu'à la surface des corps, et tend continuellement à s'en échapper. C'est une électricité animée d'une grande tension, comme on le dit en physique. Il résulte de là qu'elle abandonne les conducteurs sous l'influence des causes les plus indifférentes ; l'air humide, par exemple, suffit pour la dissiper. Un agent aussi difficile à contenir ne pouvait donc être utilisé pour le service de la télégraphie.

C'est dire assez que toutes les tentatives qui furent faites jusqu'à la fin du dernier siècle, pour plier l'électricité aux besoins de la correspondance, durent être frappées d'impuissance. Après trente ans de travaux inutiles, on abandonna cette idée comme impraticable ; on fut contraint d'en revenir aux signaux formés dans l'espace et visibles à de grandes distances.

C'est à cette époque, c'est à la suite de ces travaux infructueux, que fut découvert par Claude Chappe le télégraphe aérien dont nous avons raconté l'histoire dans la notice qui précède. Le système de Chappe devait succomber le jour où la science de l'électricité aurait fait assez de progrès pour permettre de créer un système mécanique applicable à l'exécution des signaux à grande distance. C'est dans cette période que nous allons entrer maintenant.

CHAPITRE II

TÉLÉGRAPHES ÉLECTRIQUES CONSTRUITS APRÈS LA DÉCOUVERTE DE LA PILE DE VOLTA. — L'INVENTION DU SIEUR JEAN ALEXANDRE EN 1802. — SŒMMERING CONSTRUIT UN TÉLÉGRAPHE ÉLECTRIQUE, PAR LA DÉCOMPOSITION DE L'EAU. — DÉCOUVERTE DE L'ÉLECTRO-

MAGNÉTISME. — APPLICATION DE CES PHÉNOMÈNES AU JEU DES TÉLÉGRAPHES. — TÉLÉGRAPHES DE SCHILLING ET D'ALEXANDER D'ÉDIMBOUBG. — PREMIERS TÉLÉGRAPHES ÉLECTRO-MAGNÉTIQUES CONSTRUITS EN 1838 À MUNICH, PAR M. STEINHEIL, ET À LONDRES, PAR M. WHEATSTONE.

Tous les essais entrepris avant les premières années de notre siècle, pour appliquer l'électricité au jeu des télégraphes ne s'écartaient guère des conditions d'une belle utopie philosophique. L'électricité statique est si difficile à manier, que l'on ne pouvait en espérer aucun avantage pour un service régulier et continu. La découverte de la pile faite en 1800, par Volta, vint changer subitement la face de cette question. On sait que la pile fournit une source constante d'électricité, électricité sans tension, c'est-à-dire qui n'a aucune tendance à abandonner ses conducteurs. Cet instrument offrait donc un moyen de faire agir le fluide électrique à travers un espace fort étendu, sans déperdition pendant le trajet.

La découverte de la pile devait donner nécessairement une vive impulsion aux recherches concernant la télégraphie électrique. À partir de ce moment, les essais dans cette direction deviennent nombreux, et donnent naissance à un certain nombre d'appareils qui ne sont pas sans valeur.

Avant d'arriver à ces nouveaux appareils, nous nous arrêterons quelques instants pour résoudre un problème historique, dont les données sont contenues dans un dossier trouvé en 1859, dans nos Archives impériales, par M. Gerspach, et publiées par lui dans les *Annales télégraphiques*.[1] C'est d'après les pièces découvertes par M. Gerspach, que nous allons raconter l'histoire de la curieuse invention qui fut faite sous le Consulat et qui, selon nous, ne pouvait être autre chose que la télégraphie électrique réalisée au moyen de la pile de Volta.

Il y avait à Poitiers, en 1790, un ouvrier doreur, nommé Jean Alexandre, que l'on disait fils naturel de Jean-Jacques Rousseau, et qui était cité dans la ville pour ses rares talents. La révolution ayant éclaté, Jean Alexandre se rendit à Paris. Il n'y trouva point d'occupation pour son métier de doreur sur métaux ; mais comme il était doué d'une voix magnifique, dont il avait déjà tiré parti à Poitiers, comme chantre de la cathédrale, il eut recours, pour vivre,

1 Mars avril, 1859, p. 188-199.

à la même ressource, et chanta au lutrin de Saint-Sulpice. Lancé bientôt dans la carrière politique, il fut nommé président de la section du Luxembourg, et peu de temps après, représentant à la Convention nationale.

Sa modestie le porta à refuser cet honneur ; il accepta seulement d'être envoyé à Poitiers, sa ville de prédilection, comme commissaire général des guerres. Il passa de là à Lyon, comme ordonnateur de la division militaire, et il eut à organiser une armée de 80 000 hommes. Nommé ensuite agent supérieur près de l'armée de l'Ouest, il se transporta à Angers, où il avait 42 départements sous ses ordres. Il présida à une levée de 200 000 soldats.

Sous le Consulat, notre commissaire des guerres prit sa retraite, et revint à Poitiers. C'est là qu'il conçut et exécuta un appareil qui, d'après les détails qui vont suivre, ne pouvait être autre chose qu'un télégraphe électrique du genre de ceux que l'on désigne aujourd'hui sous le nom de *télégraphe à cadran*.

Beaucoup d'habitants de Poitiers auxquels il avait communiqué le principe de son invention, en parlaient avec enthousiasme, et l'engagèrent à présenter sa découverte à l'Etat. Alexandre céda à leurs désirs. En 1802, il écrivit à Chaptal, ministre de l'intérieur, lui demandant les moyens de se rendre à Paris, pour soumettre son invention à l'examen du premier Consul.

En sa qualité de savant, qui n'avait dû qu'à ses travaux de chimie sa haute élévation, Chaptal aurait dû accueillir avec empressement l'ouverture qui lui était faite. Il répondit, tout au contraire, qu'il voulait, avant de rien accorder, avoir entre les mains la description et le plan de l'appareil.

Comme Alexandre avait stipulé dans sa lettre, qu'il entendait se réserver le secret de son invention, jusqu'au moment où il serait admis à la présenter lui-même au premier consul, la réponse de Chaptal était évidemment un refus déguisé.

Sans se décourager, Alexandre résolut de demander au préfet de la Vienne, ce que lui avait refusé le ministre de l'intérieur : ne pouvant s'adresser à Dieu, il s'adressait aux saints.

En dépit de son nom (il s'appelait Cochon), le préfet de la Vienne était un homme intelligent et ami du progrès. La conversation qu'il eut avec Alexandre, l'intéressa vivement. Il fut frappé surtout du contraste entre l'imagination ardente de l'inventeur et la simplicité de son attitude. Il accorda tout de suite ce qu'on lui demandait, c'est-à-dire d'assister, chez l'inventeur, à l'expérience de son appareil. Le 13 brumaire an X, il se rendit au domicile d'Alexandre, accompagné de l'ingénieur en chef du département, Lapeyre. Et voici ce dont ils furent témoins.

Deux boîtes semblables, d'un mètre et demi de haut, sur 30 centimètres de large, étaient placées, l'une au rez-de-chaussée, l'autre au premier étage de la maison. Chacune de ces boîtes portait un cadran, formé des vingt-quatre lettres de l'alphabet, et une aiguille mobile, qui pouvait s'arrêter devant chacune de ces lettres. En amenant l'aiguille devant chaque lettre, on formait des mots. Jean Alexandre se plaça devant la boîte du rez-de-chaussée ; le préfet lui remit des mots et des phrases, et en manœuvrant le cadran placé au rez-de-chaussée, il reproduisit ces mots et ces phrases sur le cadran de l'appareil installé au premier étage. Si ce n'était pas là un télégraphe électrique à cadran, nous demanderons quel est l'appareil qui pouvait ainsi déterminer à distance la répétition des mouvements d'une aiguille sur deux cadrans identiques.

Le préfet fut émerveillé du résultat. Dans le rapport qu'il s'empressa d'adresser au ministre Chaptal, il déclarait que l'invention de Jean Alexandre était une œuvre de génie, et demandait que l'inventeur fût mandé à Paris, aux frais de l'Etat, pour répéter sous les yeux du premier Consul, cette expérience admirable.

On croit rêver quand on lit la réponse que fit Chaptal à la lettre du préfet de la Vienne. Ce savant émérite, ce physicien, ce chimiste, celui qui devait accorder, au sein du gouvernement, une protection paternelle aux sciences et à leurs progrès, repousse froidement l'inventeur qui ne lui demandait d'autre faveur que de montrer son appareil. Il répond que cette découverte, dont il ne sait rien, dont il n'a rien vu, n'est point nouvelle, qu'elle n'est autre chose « que l'art très-connu et très-varié d'écrire et de transmettre par signes ou figures. » Il déclare que le télégraphe aérien est supérieur à l'appareil d'Alexandre ; en conséquence, il refuse d'appeler l'inventeur à Paris.

Fig. 33. — Expérience de télégraphie électrique faite par Jean
Alexandre devant le préfet de la Vienne.

Voici cette étrange lettre.

Paris, le 27. pluviôse, an X de la République française une et
indivisible.

Le ministre de l'Intérieur au citoyen Juglar, rue de l'Université, n°
385, à Paris [8].

« Il m'a été rendu compte, citoyen, des expériences faites avec
le modèle d'une nouvelle machine télégraphique, de l'invention
du citoyen Alexandre, mécanicien, demeurant à Poitiers ; on a
également mis sous mes yeux la lettre que le préfet du département
de la Vienne m'a écrite à cet égard. Je doisapplaudir au zèle et au

talent du citoyen Alexandre ; mais, outre que le modèle de sa machine laisse à douter s'il serait possible de l'établir en grand, ce qu'il annonce comme découverte n'est autre chose que l'art très-connu et très-varié d'écrire et de transmettre par signes ou figures. Les télégraphes qu'on a fait exécuter jusqu'à ce jour sont beaucoup plus avantageux et plus simples, en ce qu'avec moins de signes ils expriment plus de choses. Je ne saurais, en conséquence, citoyen, accueillir la demande qui m'a été faite d'appeler le citoyen Alexandre à Paris et d'y faire transporter le modèle de sa machine.

Je vous salue,

CHAPTAL. »

Cet inexplicable refus ne découragea pas l'inventeur. Il était trop pauvre pour se rendre à Paris ; mais il pouvait se rendre à Tours, et répéter devant les personnages importants de cette ville, l'expérience qu'il avait faite à Poitiers. Il se rendit donc à Tours, et le 10 prairial an X, le maire et les adjoints de la ville se rendirent dans la maison qu'Alexandre avait choisie pour son expérience.

L'un des cadrans était placé au rez-de-chaussée, l'autre au premier étage. Le général Pommereul, préfet du département, donna cette phrase : « *Le génie ne connaît point de limites.* » Elle fut parfaitement répétée par le cadran du premier étage. D'autres phrases furent également transmises et reproduites avec une parfaite exactitude.

Ces expériences publiques produisaient partout la meilleure impression, et répandaient la renommée de l'inventeur ; mais elles ne l'aidaient point à atteindre son but. Ce que voulait Alexandre, c'était le moyen de se rendre à Paris ; son ambition était d'arriver au premier Consul, son rêve, de faire devant lui l'expérience, et de lui confier son secret.

Ce rêve ne devait pas se réaliser.

Le manque d'argent était la grande difficulté qui l'arrêtait. Voyant qu'il n'obtiendrait rien, réduit à ses propres forces, il consentit à conclure un acte de société pour l'exploitation de sa découverte, avec un de ses anciens camarades de l'armée, le chef de bataillon Beauvais, qui résidait à Paris.

Aux termes d'un acte qui fut signé le 12 messidor an X, Beauvais se chargeait de faire les démarches auprès des autorités, et de fournir les premiers fonds, dans le cas où l'on ne pourrait les obtenir du premier Consul. Jean Alexandre lui abandonnait, en compensation, le quart des bénéfices que devait produire l'entreprise. L'inventeur conservait son secret ; mais, après un bénéfice de 60 000 fr., il devait le communiquer à son associé.

Beauvais ne perdit pas de temps. Quinze jours après la signature de l'acte, il écrivait au premier Consul. Il demandait la faveur de lui présenter Alexandre, qui voulait faire devant lui seul l'expérience de son appareil, Il accompagnait sa demande de tous les rapports, procès-verbaux et pièces relatives à cette affaire.

Le premier Consul n'autorisa point l'inventeur à faire l'expérience devant lui. Il se borna à renvoyer l'examen de cette question à l'astronome Delambre, membre de l'Institut. Quelques semaines après, Delambre présentait au premier Consul le rapport suivant, qui est trop curieux pour que nous ne le citions pas textuellement :

« *Rapport du citoyen Delambre sur le Télégraphe intime du citoyen Alexandre, offert au premier Consul par le citoyen Beauvais.*

« Les pièces que le premier Consul m'a chargé d'examiner ne contenaient pas assez de détails pour motiver un jugement. Rien n'indiquait la demeure du citoyen Beauvais ; je suis pourtant parvenu à me procurer deux conversations avec lui, et ce qu'elles m'ont appris ne me permet encore de donner que des conjectures sur les avantages et les inconvénients du *Télégraphe intime.*

Le citoyen Beauvais sait le secret du citoyen Alexandre, mais il a promis de ne le communiquer à personne, si ce n'est au premier Consul. Cette circonstance pourrait me dispenser de tout rapport. Comment juger une machine qu'on n'a point vue et dont on ne connaît point l'agent ?

Tout ce que l'on sait, c'est que ce télégraphe est composé de deux boîtes pareilles, portant chacune un cadran à la circonférence duquel sont marquées les lettres de l'alphabet.

Au moyen d'une manivelle, on conduit l'aiguille du premier cadran sur toutes les lettres dont on a besoin, et au même instant l'aiguille de la seconde boîte répète dans le même ordre tous les mouvements, toutes les indications de la première.

Quand ces deux boîtes seront placées dans deux appartements

séparés, deux personnes pourront s'écrire et se répondre sans se voir et sans être vues, sans que personne puisse se douter de leur correspondance. La nuit ni les brouillards ne peuvent empêcher la transmission d'une dépêche.

Au moyen de ce télégraphe, le gouverneur d'une place bloquée pourrait entretenir une correspondance secrète et continuelle avec une personne placée à quatre ou cinq lieues de là, et même à une distance indéfinie. La communication peut s'établir entre deux boites avec la même facilité qu'on poserait *un mouvement de sonnette*. Rien, après cela, ne serait plus facile qu'une expérience de la machine en présence de commissaires nommés pour en rendre compte.

L'auteur en a fait deux, l'une à Poitiers et l'autre à Tours, en présence des préfets et des maires. Les procès-verbaux attestent qu'elles ont complètement réussi. Aujourd'hui, l'auteur et son associé demandent que le premier Consul veuille bien permettre que l'une des boîtes soit placée dans son appartement et la seconde chez le consul Cambacérès, afin de donner à l'expérience tout l'éclat et toute l'authenticité possible ; ou bien que le premier Consul accorde une audience de dix minutes au citoyen Beauvais, qui lui communiquera le secret, qui est si facile, que le simple exposé équivaudrait à une démonstration et tiendrait lieu d'expérience.

On ajoute que l'idée est si naturelle, qu'il est peu à craindre qu'elle soit rencontrée par un savant. On dit pourtant que le citoyen Montgolfier l'a devinée, après quelques heures de réflexion, sur la description qu'on lui en avait faite.

Après cet exposé, qui est le résultat de mes conversations avec le citoyen Beauvais, il suffira d'un petit nombre de réflexions.

Si, comme on serait tenté de le croire d'après la comparaison avec *un mouvement de sonnette*, le moyen de l'auteur consistait en roues, mouvement et pièces de renvoi, l'invention ne serait pas bien étonnante et l'on imagine aisément quels inconvénients elle aurait dans la pratique pour les distances de plusieurs, lieues.

Si, au contraire, comme paraît le prouver le procès-verbal de Poitiers, le moyen de communication est un fluide, il y aurait plus de mérite à l'avoir su maîtriser, au point de produire à de telles distances des effets aussi réguliers et aussi infaillibles. Mais, alors, on peut se demander qui nous garantira ces effets ? Ce n'est pas l'expérience de Poitiers ni celle de Tours, dans lesquelles la distance n'était que de quelques mètres. Ce ne serait même pas celle qu'on propose de faire dans les salons du premier et du second Consul. Tant que l'agent restera caché, on ne pourra jamais attester que ce que l'on aura vu, et il ne sera nullement permis de conclure de la réussite en petit, de ce qui peut arriver à des distances plus considérables. Si l'effet n'est sûr qu'à quelques mètres de distance, la machine, quelque ingénieuse qu'on la suppose, devra être renvoyée aux cabinets de physique amusante.

Si le citoyen Beauvais, qui offre de faire les frais de l'expérience, eût proposé de l'exécuter en présence des commissaires désignés à cet effet, il n'y aurait eu aucun inconvénient à lui accorder sa demande. Quoiqu'une expérience en petit soit peu concluante, cependant elle pourrait faire entrevoir ce qu'il y aurait à espérer d'une épreuve plus en grand et plus dispendieuse. Mais le citoyen Beauvais, sans refuser expressément des commissaires, désire principalement avoir le premier Consul pour témoin de l'expérience et pour appréciateur de l'invention ; il n'appartient donc qu'au premier Consul de décider si, malgré le peu de probabilité de succès que présente une invention si peu constatée et qui est annoncée comme merveilleuse, il voudra bien consacrer quelques moments à l'examen de la découverte d'un artiste qu'on dit aussi plein de génie que dépourvu de science et de fortune ; il fait mystère de sa découverte, et j'ai dû la juger avec sévérité et suivant les règles de la vraisemblance. Mais les limites du vraisemblable ne sont pas celles du possible, et il faut que le citoyen Alexandre soit bien sûr de son fait, puisqu'il offre d'exposer tout aux yeux du premier Consul. Il est donc à désirer que le premier Consul consente à l'entendre, et qu'il puisse trouver dans la communication qui lui sera faite, des motifs pour bien accueillir l'inventeur et récompenser dignement l'auteur.

Paris, 10 fructidor an X. »

On reconnaît dans ce rapport le talent de l'éminent historien de l'astronomie. Il y a là un vrai tour de force de description, car l'auteur parle d'un appareil qu'il n'a jamais vu, et il nous le fait connaître assez bien pour que sa description soit encore le meilleur document à consulter aujourd'hui. Delambre concluait en demandant que le premier Consul accordât à l'inventeur les *dix minutes d'audience* qu'il sollicitait.

Hélas ! ces dix minutes d'audience ne furent pas accordées. Le rapport de Delambre, que nous venons de citer, est la dernière pièce trouvée par M. Gerspach aux *Archives impériales*. D'où il faut conclure que le pauvre Alexandre et son associé, déçus dans leurs espérances, durent abandonner sans retour leur entreprise.

Jean Alexandre paraît avoir consacré le reste de sa vie à la poursuite d'autres inventions, qui ne portèrent pas de meilleurs fruits que la précédente. En 1806, le Conseil municipal de Bordeaux faisait examiner par l'ingénieur en chef du département, un appareil destiné à filtrer l'eau de la Garonne, pour l'usage de la ville. Un local fut fourni pour l'installation de cette machine ; mais l'inventeur était trop pauvre : il ne put commencer l'entreprise.

En 1831, Jean Alexandre adressait au roi Louis-Philippe la description d'un nouvel aérostat dirigeable ; et l'on sait comment pouvaient être accueillis de tels projets. En 1832, il mourait à Angoulême, laissant une veuve qui, en 1853, mourut à Poitiers « dans la plus profonde misère », dit M. Gerspach.

Il nous paraît impossible de ne pas considérer comme un télégraphe électrique à cadran, *le télégraphe intime*, comme l'appelait Jean Alexandre ; La description donnée par Delambre ; les explications détaillées du préfet de la Vienne ; ce conducteur qui *s'attache, comme un cordon de sonnette*, et qui est susceptible de prendre toutes les directions et toutes les inflexions ; ces deux aiguilles et ces cadrans semblables, placés aux deux stations ; les mots de*fluide électrique ou magnétique*, qui sont prononcés ; tout cela ne peut s'appliquer, qu'au télégraphe à cadran en usage aujourd'hui dans nos chemins de fer.

Jean Alexandre aurait donc eu le mérite d'avoir le premier, c'est-à-dire en 1802, fait l'application de la pile de Volta à la télégraphie électrique.

Si l'on n'accordait pas à notre malheureux compatriote l'honneur que nous réclamons pour lui, il faudrait franchir un intervalle de près de dix années, et arriver à l'année 1811, pour trouver la première application vraiment scientifique de la pile de Volta à la télégraphie.

Ce qu'il fallait pour appliquer la pile de Volta à la transmission des signaux, c'était le moyen de rendre sensible à distance, l'effet de l'électricité : il fallait provoquer d'une station à l'autre, une action mécanique, un mouvement quelconque. Parmi les phénomènes auxquels la pile de Volta donne naissance, celui qui attirait le plus l'attention, au début de cette grande découverte, c'était la décomposition de l'eau. Tel est le fait qui fut choisi comme moyen indicateur de la présence de l'électricité dans le circuit. Le télégraphe électrique que le physicien Sœmmerring fit connaître en 1811, à l'Académie de Munich, était fondé sur la décomposition électrochimique de l'eau.

Cet appareil, remarquable pour l'époque, offrait les dispositions suivantes. À l'une des stations était établie une pile à colonne, qui constituait la source d'électricité. Cette pile servait à former trente-cinq circuits voltaïques, composés chacun, d'un double fil, l'un pour l'aller, l'autre pour le retour du courant. Sur tout le parcours, ces fils étaient isolés par une enveloppe de soie, et le faisceau résultant de leur ensemble était recouvert d'un vernis isolateur. Tous ces fils pouvaient, de cette manière, être parcourus par le fluide, sans s'influencer ni se troubler mutuellement. À l'autre station, ces trente-cinq circuits venaient se rendre chacun, dans un petit vase plein d'eau distillée. Ces différents vases étaient destinés à représenter les vingt-cinq lettres de l'alphabet allemand et les dix chiffres de la numération. Lorsque, à la station où se trouvait la pile, on faisait passer l'électricité dans l'un des circuits, l'eau se décomposait instantanément dans le vase correspondant placé à la station extrême, et l'on pouvait ainsi désigner à volonté et malgré la distance, les différentes lettres de l'alphabet.

Le projet de Sœmmerring eût présenté dans la pratique des difficultés considérables : cependant l'ingénieux physicien qui en avait conçu l'idée avait parfaitement saisi, dès cette époque, les avantages de la télégraphie électrique. Sœmmerring fait remarquer, dans son mémoire, que ce nouveau moyen de correspondance fonctionne de nuit aussi bien que de jour, et que les brouillards ne peuvent retarder son action. Il ajoute que le télégraphe électrique présente sur le télégraphe aérien une supériorité immense, puisqu'il permet d'exprimer les signaux avec une rapidité incalculable ; qu'il fonctionne sans que rien décèle au dehors le passage des signaux ; qu'il n'exige la construction d'aucun édifice particulier ; qu'il peut aboutir en tel lieu que l'on veut choisir ; enfin qu'il rend superflu le langage compliqué et le vocabulaire secret de la télégraphie aérienne. Bien qu'il n'eût point déterminé la vitesse de transmission de l'électricité, Sœmmerring avait reconnu qu'une différence de deux mille pieds dans la longueur du conducteur, n'apportait aucun retard appréciable à la décomposition de l'eau ; d'où il concluait que l'action de son télégraphe pourrait s'étendre à une distance quelconque, sans exiger de stations intermédiaires.

En énumérant les avantages du curieux instrument qu'il avait imaginé, le physicien de Munich montrait qu'il comprenait tout l'avenir de la télégraphie électrique. Seulement l'appareil qu'il proposait offrait trop d'imperfection pour être adopté dans la pratique. Le fait de la décomposition de l'eau qu'il avait choisi comme l'indice de la présence du fluide, ne pouvait suffire à remplir un tel objet. Pour satisfaire aux conditions du problème de la télégraphie électrique, il fallait substituer au phénomène faible et obscur d'une action chimique, un effet mécanique d'une certaine intensité.

Un intervalle assez long s'écoula avant que la science pût fournir les moyens de satisfaire à cette condition. Ce dernier pas fut heureusement franchi par la découverte de l'électro-magnétisme. Œrsted observa, en 1820, le fait fondamental qui sert de base à l'électro-magnétisme. Ce physicien reconnut qu'un courant voltaïque circulant autour d'une aiguille aimantée, agit à distance sur cette aiguille, et la détourne de sa position naturelle. Si l'on fait circuler autour d'une aiguille aimantée, un courant voltaïque, on voit aussitôt l'aiguille dévier brusquement, osciller pendant quelques instants et abandonner sa direction vers le nord.

La possibilité d'appliquer ce phénomène à l'art télégraphique fut bien vite saisie par les physiciens. Voici, par exemple, ce qu'écrivait Ampère, le 2 octobre 1820, très-peu de temps après la découverte d'Œrsted :

« D'après le succès de cette expérience, on pourrait, au moyen d'autant de fils conducteurs et d'aiguilles aimantées qu'il y a de lettres, et en plaçant chaque lettre sur une aiguille différente, établir, à l'aide d'une pile placée loin de ces aiguilles, et qu'on ferait communiquer alternativement par ses deux extrémités à celles de chaque fil conducteur, une sorte de télégraphe propre à écrire tous les détails qu'on pourrait transmettre, à travers quelques obstacles que ce soit, à la personne chargée d'observer les lettres placées sur les aiguilles. En établissant sur la pile un clavier dont les touches porteraient les mêmes lettres, et établiraient la communication par leur abaissement, ce moyen de correspondance pourrait avoir lieu avec assez de facilité, et n'exigerait que le temps nécessaire pour toucher d'un côté et lire de l'autre chaque lettre.[1] »

Cependant les courants voltaïques produisent sur l'aiguille aimantée un si faible effet mécanique, qu'il fut à peu près impossible d'appliquer l'électro-magnétisme à l'usage de la télégraphie tant que l'on ne posséda pas le moyen d'augmenter l'intensité de ce phénomène.

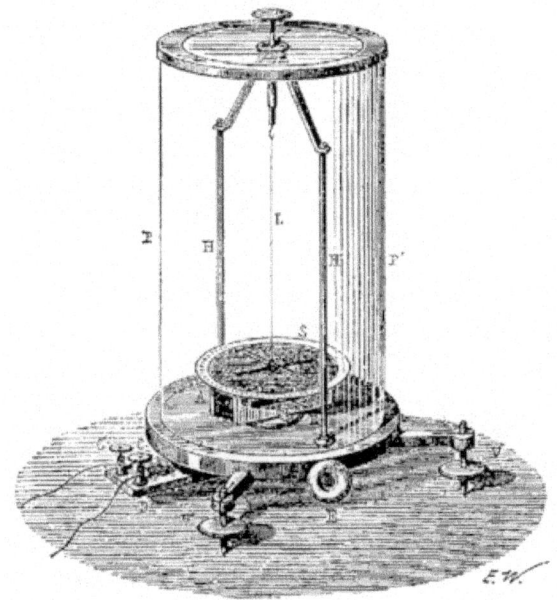

Fig. 34. — Le galvanomètre.

Tel est précisément le résultat qui fut obtenu par la découverte du *multiplicateur* ou *galvanomètre*. Le physicien Schweigger reconnut

---

1 *Annales de chimie et de physique*, t. XV, p. 72.

qu'un courant voltaïque circulaire agit par toutes ses parties, pour diriger dans le même sens, une aiguille aimantée, qu'il enveloppe de toutes parts ; de telle sorte que, si l'on enroule sur lui-même (fig. 34) le fil conducteur d'une pile CC', en l'isolant sur toute son étendue par une enveloppe de soie de manière à former une sorte de bobine A et que l'on place au milieu de cet assemblage, l'aiguille aimantée S, en la tenant suspendue au moyen d'un fil isolé L, on peut produire, avec cent tours par exemple, un effet cent fois plus grand qu'avec un fil d'un seul tour. Le galvanomètre de Schweigger permettait donc d'augmenter l'intensité de l'action magnétique d'un courant de manière à le rendre applicable aux usages de la télégraphie.

La figure 34 représente le *galvanomètre*, instrument qui est aujourd'hui d'un usage continuel dans les cabinets de physique et les expériences sur l'électricité. L'aiguille aimantée S et la bobine de fils A sont renfermés dans une cage cylindrique en verre PP' calée au moyen des vis V, V'.

L'action d'un courant voltaïque s'exerçant, grâce à l'emploi du multiplicateur, sur une aiguille aimantée, ne tarda pas à être mise à profit pour la construction d'un télégraphe électrique. Le télégraphe électrique de Schilling et celui d'Alexander, d'Édimbourg, étaient fondés sur l'emploi du galvanomètre.

En 1833, le baron Schilling, amateur distingué des sciences, fit à Saint-Pétersbourg plusieurs essais curieux avec un appareil de ce genre. Cet appareil se composait de cinq fils de platine, isolés au moyen de gomme laque, et contenus dans une corde de soie : ces fils unissaient les deux stations. À la station extrême, se trouvaient cinq aiguilles aimantées, placées chacune au milieu d'un galvanomètre ou *multiplicateur*. À la station du départ était une espèce de clavier, dont chaque touche, en rapport avec l'un des fils, servait à y diriger le courant, et à mettre ainsi en action l'aiguille magnétique correspondante, située à la station extrême. Les dix mouvements formés par les cinq aiguilles magnétiques, servaient à désigner les dix chiffres de la numération, lesquels, à l'aide d'un dictionnaire spécial, représentaient les signaux télégraphiques.

Schilling fit avec ce télégraphe, plusieurs expériences sous les yeux de l'empereur de Russie ; mais la mort de ce savant, survenue quelque temps après, empêcha de continuer les essais sur une échelle plus étendue.

À Gœttingue, les physiciens Gauss et Weber, construisirent après Schilling, un télégraphe électrique d'après les mêmes données.

Le télégraphe de Richtie et d'Alexander, d'Edimbourg, qui ne fut exécuté d'une manière définitive qu'en 1837, se composait de trente fils de cuivre, venant circuler, à la station d'arrivée, autour de trente aiguilles magnétiques. Quand on frappait à la station du départ, l'une des touches d'un clavier, semblable à celui d'un piano, le courant s'établissait dans le fil touché ; l'aiguille correspondante était déviée aussitôt, et son mouvement déplaçait un écran, qui découvrait la lettre à désigner. On pouvait ainsi montrer à distance, à une personne placée au-devant de l'appareil, les différentes lettres qui composaient les mots d'une dépêche.

En Angleterre, M. Wheatstone, réalisa vers la même époque, c'est-à-dire en 1837, un télégraphe électrique conçu sur le même principe que ceux de MM. Schilling de Saint-Pétersbourg, Gauss et Weber de Gœttingue, Richtie et Alexander d'Édimbourg, appareils divers dans la forme, mais qui, au fond, n'étaient que l'application, et quelquefois la complication, de l'idée d'Ampère.

Le *télégraphe magnétique* de M. Wheatstone se composait de 5 aiguilles aimantées, entourées d'un fil multiplicateur, en d'autres termes, de 5 galvanomètres. Ces galvanomètres étaient placés derrière un cadre, en forme de losange, sur lequel étaient tracées, diagonalement entre elles, les lettres de l'alphabet. Pour signaler certaines lettres, on dirigeait le courant à travers deux des galvanomètres ; de telle façon que les aiguilles, en convergeant entre elles, signalaient la lettre à désigner. Pour envoyer le courant dans tel ou tel des galvanomètres, M. Wheatstone faisait usage d'un *manipulateur*, composé de boutons d'ivoire, qui poussaient des ressorts métalliques destinés à établir et à faire circuler le courant dans l'un des circuits.[1]

Pendant que M. Wheatstone inventait en Angleterre, son *télégraphe magnétique*, un physicien de Munich, M. Steinheil, exécutait un appareil basé sur le même principe, et réalisait

---

1 M. du Moncel, a donné dans son ouvrage, *Exposé des applications de l'électricité*(tome second, 2ᵉ édition, planches 1, 2, 3), la figure exacte du *télégraphe magnétique* de M. Wheatstone.

la première application pratique de l'électricité, comme agent télégraphique ; car son télégraphe n'était pas un simple appareil de cabinet, mais un instrument usuel qui servit à établir une correspondance entre son observatoire et un faubourg de Munich, séparés par plus d'une lieue.

Fig. 35. — Steinheil.

C'est au mois de juillet 1837, date mémorable dans l'histoire de la télégraphie électrique, que M. Steinheil exécuta l'appareil que nous allons décrire, et qui peut être considéré comme le premier instrument qui ait servi à établir une correspondance régulière au moyen de l'électricité voltaïque.

C'était un simple galvanomètre A A (fig. 36), dont les fils multiplicateurs B, B, entouraient deux barreaux aimantés C, C. Ces barreaux se terminaient par un petit style, pourvu d'un bec rempli d'encre, *p, p.*

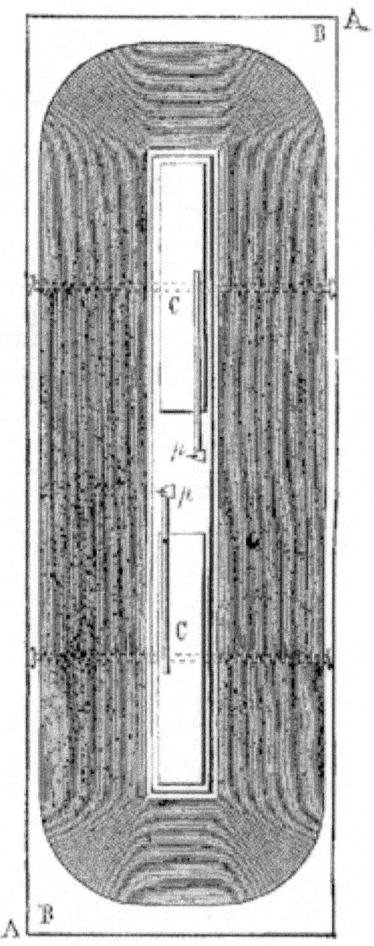

Fig. 36. — Télégraphe magnétique de Steinheil.

Une bande continue de papier DD (fig. 37) se déroulait au-devant de ces deux becs, marchant d'un mouvement uniforme, grâce à un rouage d'horlogerie E, E.

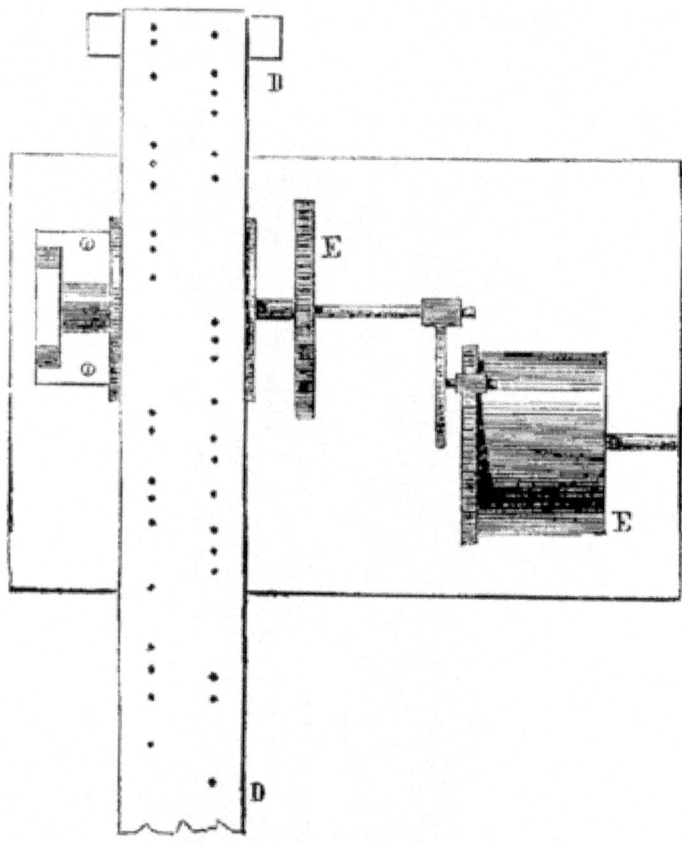

Fig. 37. — Télégraphe magnétique de Steinheil.

Quand le courant électrique était dirigé dans les fils du galvanomètre (fig. 36), les deux barreaux aimantés se déviant du même côté, sous l'influence de l'électricité, l'un des deux becs chargés d'encre, s'approchait de la feuille de papier (fig. 37), et y déposait un point noir. Quand on changeait la direction, c'était l'autre bec, qui venait toucher la feuille de papier et y marquer un point noir. En combinant ces points de différentes manières, M. Steinheil avait composé un alphabet conventionnel.

Le *télégraphe magnétique* de M. Steinheil contenait une innovation importante, qui permettait d'entrevoir la solution prochaine du problème de la télégraphie électrique. Jusque-là, en effet, tous les expérimentateurs, y compris M. Wheatstone, avaient fait usage de plusieurs circuits voltaïques : M. Steinheil n'employait qu'un seul courant, un seul fil, ce qui rendit la télégraphie immédiatement pratique.

Mais ce qui attachera au nom de M. Steinheil, une gloire impérissable, c'est la découverte que fit, en 1838, le physicien de Munich, de la possibilité de supprimer le *fil de retour* du circuit, en prenant la terre elle-même pour ce conducteur de retour.

Nous avons raconté dans la notice sur la *Machine électrique*, les expériences que Watson fit sur la Tamise, en 1747, et dans lesquelles la terre était prise pour moitié dans un circuit parcouru par une décharge électrique. Les expériences que Watson avait faites avec l'électricité statique, furent répétées en 1803, avec l'électricité voltaïque, par MM. Erman, Basse (de Berlin) et Aldini, qui reconnurent que la propagation du courant se faisait parfaitement à travers la terre. Personne néanmoins n'avait pensé à appliquer ce fait à la télégraphie électrique, lorsque cette pensée se présenta à l'esprit de M. Steinheil.

C'est en 1838 que M. Steinheil fit cette expérience, vraiment fondamentale pour l'avenir de la télégraphie électrique. Il disposait d'un fil métallique d'environ deux lieues de longueur. À l'extrémité libre de ce fil, il adapta une plaque métallique, qui fut enterrée dans le sol humide, tandis que le fil du pôle opposé de la pile était muni d'une plaque toute pareille, que l'on enfonçait de la même manière dans le sol humide. Or l'électricité parcourut facilement ce circuit, dont la moitié était formée par la terre, et elle revint au pôle opposé, ou du moins le courant s'établit comme si le fil métallique de retour n'eût pas été supprimé.

Ce phénomène, est assez difficile à expliquer. On admet que la terre, quoique peu conductrice sur un petit espace, est un excellent conducteur, en raison de l'énormité de sa masse ; et que dès lors, elle peut, par l'instantanéité de sa conductibilité, ramener l'électricité à la source de départ. Mais ce retour sans confusion, au point précis du départ du courant, est vraiment inadmissible. Aussi d'autres physiciens, ne comprenant pas que l'électricité puisse revenir ainsi à travers la substance de la terre à son point de départ, considèrent la terre comme un réservoir dans lequel viennent se perdre le fluide positif et le fluide négatif émanant de la pile ; de telle sorte que l'électricité, s'écoulant constamment dans le sol, le courant est sans cesse renouvelé et entretenu par la source d'électricité.

Quoi qu'il en soit de l'explication théorique, le fait est certain : la terre peut servir de *conducteur de retour* dans une ligne télégraphique. Cette découverte, due à M. Steinheil, était d'une importance immense puisqu'elle permettait de supprimer le fil de retour, et de diminuer ainsi de moitié la longueur du conducteur métallique.

Cependant le problème de la télégraphie électrique n'était pas encore entièrement résolu. L'électricité devait faire de nouveaux pas pour que le nouveau système de communications télégraphiques atteignît à sa perfection. Ce dernier pas fut franchi par la découverte de l'*aimantation temporaire du fer* sous l'influence du courant électrique, dont la physique est redevable à François Arago, comme nous l'avons déjà raconté dans la notice sur la *pile de Volta*.

CHAPITRE III

INVENTION DU TÉLÉGRAPHE ÉLECTRO-MAGNÉTIQUE. — SAMUEL MORSE ; SES TRAVAUX. — SAMUEL MORSE ÉTABLIT EN 1844 LA PREMIÈRE LIGNE DE TÉLÉGRAPHIE ÉLECTRIQUE AUX ÉTATS UNIS. — PROGRÈS DE LA TÉLÉGRAPHIE ÉLECTRIQUE EN AMÉRIQUE.

Rappelons, pour l'intelligence de ce qui va suivre, le principe physique de l'aimantation temporaire du fer par le courant électrique.

Nous avons déjà dit, dans le premier volume de cet ouvrage, qu'en 1820, Arago, répétant l'expérience d'Œrsted, découvrit ce phénomène fondamental, bientôt étudié dans tous ses détails par Ampère, que l'électricité circulant autour d'une lame de fer doux, c'est-à-dire de fer parfaitement pur, communique à ce métal les propriétés de l'aimant. Arago reconnut que le fil conducteur d'une pile attire, quand l'électricité le parcourt, la limaille de fer, et peut transformer en aimants des aiguilles d'acier ou de petites barres de fer doux.

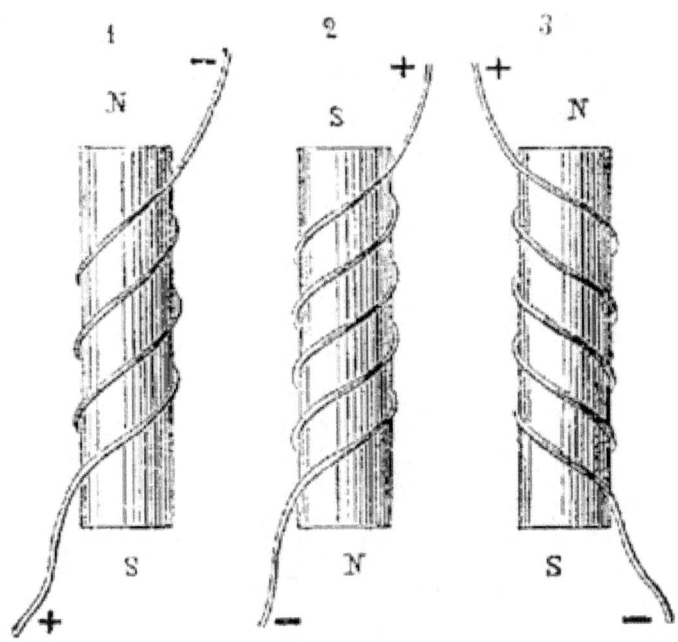

Fig. 38. — Électro-aimant.

D'après cela, si l'on enroule autour d'une lame de fer doux NS (*fig.* 38) un long fil de cuivre, recouvert sur toute son étendue d'une enveloppe de soie, substance non conductrice de l'électricité, afin d'isoler les différentes parties du conducteur et d'empêcher l'électricité de passer de l'une des spires à l'autre, — et que dans ce fil on fasse passer un courant électrique, en mettant ces deux extrémités en communication avec une pile en activité, — aussitôt la lame de fer qui n'a, comme on le sait, aucune des propriétés de l'aimant, acquiert ces propriétés d'une manière instantanée : elle devient un aimant artificiel, et peut, comme l'aimant naturel, attirer un morceau de fer placé à une certaine distance. Si l'on suspend le passage de l'électricité dans le fil entourant le fer doux, c'est-à-dire si l'on interrompt sa communication avec la pile, le fer perd aussitôt son aimantation, il revient à son état naturel, et le métal, un moment attiré, retombe aussitôt.

Ajoutons que si l'on fait entrer le courant d'un côté, puis de l'autre, les pôles de l'aimant sont changés, comme le montrent dans la figure 38, les deux électro-aimants marqués 1, 2. Si l'on fait entrer le courant du même côté, on peut ainsi changer les pôles en enroulant le fil de gauche à droite (1) ou de droite à gauche. (3).

La forme que l'on donne généralement aux électro-aimants, est celle d'un fer à cheval, c'est-à-dire de deux cylindres parallèles vissés à une lame courbe (*fig.* 39).

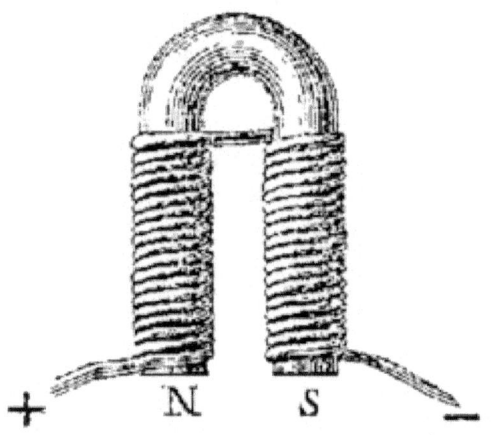

Fig. 39. — Électro-aimant en fer à cheval.

Pour obtenir une aimantation suffisante, à une distance considérable, il faut employer un nombre très-considérable de tours : on emploie jusqu'à 10 000 tours par bobine.

Tel est l'important phénomène que l'on désigne en physique, sous le nom d'*aimantation temporaire*. Ce qu'il y a de très-remarquable dans ce fait, c'est la prodigieuse rapidité avec laquelle le fer peut successivement recevoir et perdre l'aimantation. Aucun intervalle appréciable ne peut être saisi entre le moment où l'électricité s'introduit dans le conducteur et celui où commence l'aimantation du fer. La communication n'est pas plutôt établie entre le fil conducteur et la pile, que l'on voit se manifester l'attraction magnétique ; dès que la communication est suspendue, le fer revient à son premier état : de telle sorte que, dans une seconde par exemple, on peut produire plusieurs fois, dans le fer, ces alternatives d'aimantation et d'état naturel.

Le lecteur va comprendre comment on peut se servir du phénomène de l'aimantation temporaire du fer, pour produire, à travers toutes les distances, un effet mécanique, et résoudre ainsi le problème général de la télégraphie électrique.

Supposons qu'il s'agisse d'établir une communication électrique entre Paris et Rouen. Plaçons à Paris, une pile voltaïque en activité, étendons jusqu'à Rouen le fil conducteur de la pile ; enroulons, à Rouen, l'extrémité de ce fil conducteur autour d'une lame de fer doux (fer très-pur), et ramenons le conducteur à la pile voltaïque située à Paris. Le fluide électrique, circulant autour de la lame de fer, l'aimantera, et si l'on place au-devant de cette lame, ainsi artificiellement aimantée, un disque de fer mobile, aussitôt ce disque sera attiré et viendra s'appliquer contre l'aimant. Maintenant, que l'on interrompe le courant électrique, en supprimant la communication du fil conducteur avec la pile, aussitôt la lame de fer doux revient à son état habituel, elle cesse d'être aimantée, elle n'attire plus le disque de fer.

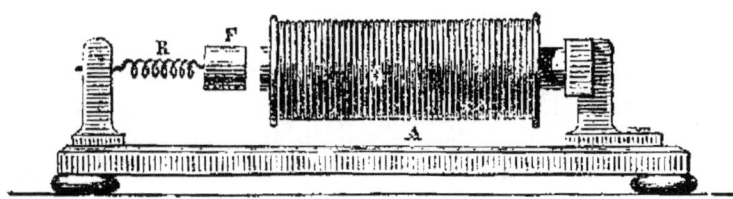

Fig. 40. — Électro-aimant avec son armature attachée à un ressort à boudin.

Or, si, pour se porter vers l'aimant, la pièce de fer a eu à vaincre la résistance d'un petit ressort, comme on le voit dans la figure 40 ; dès que le courant sera interrompu, le ressort R ramènera la pièce de fer mobile F à sa position primitive, car la puissance de l'électro-aimant A ne contre-balancera plus la tension du ressort. Ainsi, chaque fois que l'on établira et que l'on interrompra le courant, la pièce de fer sera portée en avant, puis repoussée en arrière ; par la seule action de la pile, on pourra exercer de Paris à Rouen une action mécanique qui donnera naissance à un mouvement de va-et-vient.

L'aimantation temporaire du fer par un courant électrique donne donc le moyen d'exercer, à travers l'espace, un mouvement d'attraction et de répulsion ; la pile de Volta permet, à toute distance, de mettre un levier en mouvement. Tel est le principe fondamental de la plupart des appareils actuels de la télégraphie électrique. En effet, ce mouvement de va-et-vient une fois produit, la mécanique fournit un grand nombre de moyens différents d'en tirer parti pour l'appliquer au jeu des télégraphes.

Rien de plus varié que les procédés que l'on a mis en œuvre pour utiliser cette action mécanique ; les nombreuses combinaisons imaginées pour l'application de l'électricité à l'art des signaux, ont donné naissance à autant de télégraphes particuliers qui, bien qu'identiques dans leur principe, diffèrent cependant beaucoup entre eux par les détails de leur mécanisme. Mais le système mécanique qui fut adopté dès l'origine par Samuel Morse, a été conservé jusqu'à notre époque, parce qu'il répond parfaitement à tous les besoins.

Samuel Morse est le créateur de l'appareil magnéto-électrique, et c'est à lui qu'appartient l'honneur d'avoir établi la première ligne de télégraphe électrique qui ait fonctionné dans le Nouveau-Monde. À ce titre nous devons à nos lecteurs quelques détails sur la personne de ce héros pacifique de l'humanité et du progrès, et sur les circonstances qui l'ont amené à faire sa belle découverte.

Comme beaucoup d'autres grands inventeurs, Samuel Morse n'était ni physicien, ni mécanicien ; il était peintre, et c'est par hasard, pour ainsi dire, qu'il fut amené à s'occuper, pour la première fois, de télégraphe électrique.

Samuel Finley-Breese Morse était le fils aîné du révérend Jedidiah Morse, docteur en théologie, à qui l'Amérique a dû ses premiers ouvrages élémentaires sur la géographie, et qui, en 1794, dirigeait la *Société historique de Massachussets*, tout en remplissant les fonctions de pasteur de l'église de la Congrégation, à Charlestown. Les nombreux ouvrages qu'on lui doit pour l'étude élémentaire de la géographie l'avaient fait surnommer le père de la géographie américaine.

Samuel Finley-Breese Morse naquit à Charlestown (Massachussets), le 27 avril 1791. Il fit ses études au collège de Yale (Connecticut), et en sortit, en 1810, pour se livrer à la peinture. En 1811 il partit pour l'Angleterre, avec Washington Allston et reçut à Londres les leçons de Benjamin West. En 1813 il obtint la médaille d'or de la *Société des Arts Adelphi*, pour une statue d'*Hercule mourant*, son premier essai en sculpture. Il retourna aux États-Unis en 1815, et en 1824-1825, il organisa avec plusieurs autres artistes de New-York, une*Société de beaux-arts*, qui donna naissance, à l'*Académie nationale de dessin*, qui existe actuellement. M. Morse en fut élu le premier président, et conserva ce titre pendant seize ans.

En 1829, il visita l'Europe une seconde fois, pour compléter ses études sur les beaux-arts. Il résida, pendant plus de trois ans, dans les principales villes du continent, afin d'étudier les collections d'art de l'Angleterre, de la France et de l'Italie. Il travailla au Musée du Louvre, dont il s'appliqua à reproduire divers chefs-d'œuvre.

De retour en Amérique, il habita successivement Boston, le New-Hampshire, Charlestown et New-York. Durant son absence à l'étranger, il avait été nommé à la chaire de *littérature relative aux arts du dessin* dans l'université de New-York. Il y professa en 1835.

Pendant qu'il étudiait au collège d'Yale, Morse s'était occupé de chimie, sous la direction du professeur Silliman, et de philosophie naturelle (physique), avec le professeur Day. Bien que ces études ne fussent qu'accessoires, et pour ainsi dire une sorte de récréation à d'autres occupations d'un autre ordre, le jeune élève s'y adonnait avec suite, et elles devinrent pour lui une passion dominante. M. Morse, devenu professeur à l'*Athénée* de New-York, était lié intimement avec un de ses collègues, le professeur Freeman Dana, qui faisait alors un cours sur l'électro-magnétisme. Cette partie de la physique était un sujet de conversations fréquentes entre eux et était devenue très-familière à M. Morse.

Le principe de l'aimantation temporaire au fer par le courant électrique, venait d'être découvert. Le professeur Dana expliqua dans son cours, la construction des électro-aimants, et mit sous les yeux des élèves, le premier instrument de ce genre qui eût été construit en Amérique. M. Morse entra en possession d'un de ces instruments, qui lui fut offert par le professeur Torrey.

C'est dans son second retour d'Europe aux États-Unis, à bord du paquebot *le Sully*, qui revenait du Havre à New-York, en 1832, que Samuel Morse conçut la première idée de son télégraphe électro-magnétique.

Fig. 41. — Samuel Morse à bord du paquebot le Sully, le 13 octobre 1832

Dans une conversation avec les passagers, on parla d'une

expérience de Franklin, qui avait vu l'électricité franchir, dans un instant inappréciable, la distance de deux lieues. Il lui vint aussitôt en pensée que, si la présence du fluide pouvait être rendue visible dans une partie du circuit voltaïque, il ne serait pas impossible d'en construire un système de signaux par lesquels une dépêche serait transmise instantanément. Pendant les loisirs de la traversée, cette idée grandit dans son esprit ; elle devint fréquemment l'objet des conversations du bord. On opposait à M. Morse difficultés sur difficultés, il les surmontait toutes.

Parmi les passagers se trouvait le géologue américain Jackson, le même, avec Morton, qui devait s'immortaliser plus tard, par la découverte de l'éthérisation.[1]

Au terme du voyage, le problème pratique était résolu dans sa pensée. En quittant le paquebot, il s'approcha du capitaine William Pell, et lui prenant la main :

« Capitaine, dit-il, quand mon télégraphe sera devenu la merveille du monde, souvenez-vous que la découverte en a été faite à bord du *Sully*, le 13 octobre 1832. »

Peu de semaines après son retour en Amérique, M. Morse s'occupa de construire l'appareil télégraphique dont il avait conçu l'idée. Mais ce n'est qu'en 1835 que ce même appareil fut construit, et put être soumis à des expériences sérieuses.

Il ne sera pas sans intérêt de mettre sous les yeux du lecteur le premier modèle de télégraphe électro-magnétique, qui fut construit par Samuel Morse et qui servit à ses premières expériences. Cet appareil n'est, en effet, représenté dans aucun de nos ouvrages français, relatifs à la télégraphie. On ne le trouve ni dans le *Traité de télégraphie électrique* de M. l'abbé Moigno, ni dans les ouvrages sur le même sujet de MM. Du Moncel, Blavier, Bréguet, etc. Il est décrit seulement dans le manuel de M. Shaffner publié à New-

---

1 M. Jackson a voulu s'autoriser de sa présence à bord du *Sully* et de la part qu'il eut, comme tant d'autres passagers, à la conversation de Samuel Morse, pour élever des prétentions à la découverte de cet instrument. C'est une revendication sans fondement comme sans convenance, que M. Morse a réduite à sa juste valeur dans un écrit publié à New-York, avec toutes sortes d'attestations de témoins oculaires. Cet écrit a pour titre *Full Exposure of the conduct of Charles T. Jackson*. Jackson parla seulement dans sa conversation avec Morse, de la possibilité de préparer des papiers chimiques décomposables par l'électricité de courant, et c'est un moyen qui, précisément, n'a jamais été employé par M. Morse.

York en 1854 : *The telegraph manual*. Nous tenons de l'inventeur lui-même l'esquisse que nous donnons ici (fig. 42) de cet appareil, historique pour ainsi dire.

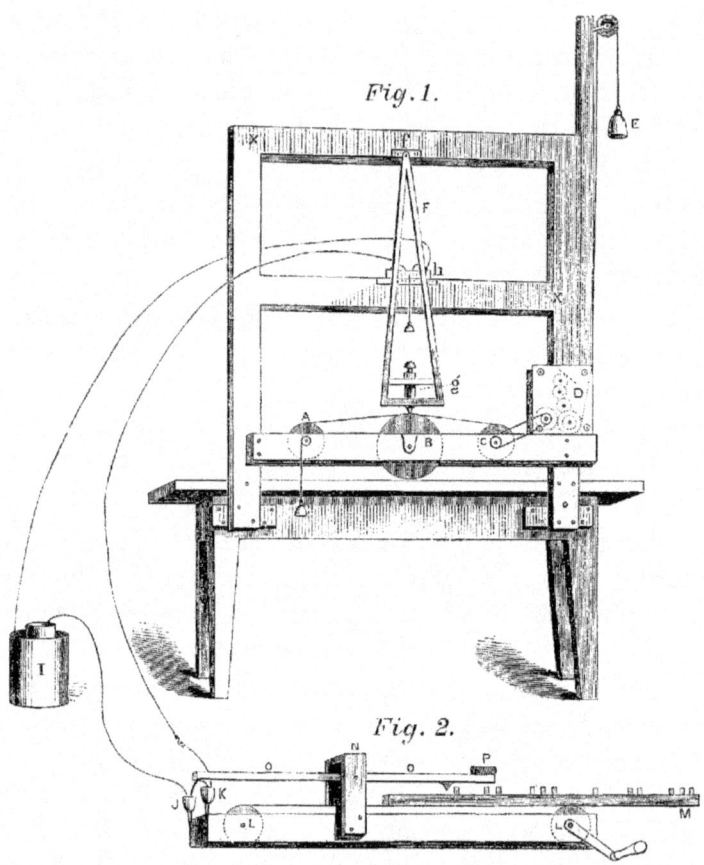

Fig. 42. — Le premier télégraphe électrique de Samuel Morse.

M. Morse nous a raconté comment il fabriqua, en 1832, le premier modèle de cet instrument. Comme il était revenu fort pauvre de ses voyages en Europe, il dut se contenter pour fabriquer ce premier modèle, d'un cadre de tableau pris dans son atelier, des rouages de bois d'une horloge du prix de 5 francs, et de l'électro-aimant qu'il tenait de l'obligeance du professeur Torrey. Il cloua contre une table, ainsi que le représente la figure 42, l'appareil dont nous allons décrire les rudiments.

XX représente le cadre, cloué verticalement contre la table. Les rouages de bois D, mus par le poids E, comme les horloges de Nuremberg, font dérouler, par un mouvement uniforme, une bande de papier continue, sur les trois rouleaux A, B, C, suivant la belle invention du *papier tournant*, due à Steinheil de Munich, comme nous l'avons raconté. Une sorte de pendule F, pouvant osciller autour du point *f*, se terminait par un crayon *g*, qui pouvait laisser sa trace sur le papier passant au-dessus du rouleau B. Le déplacement de ce pendule F pouvait être provoqué par l'électro-aimant *h*, lorsque l'électricité partant de la pile I, et suivant le fil conducteur, venait animer cet électro-aimant. Selon la durée du contact du crayon et du papier tournant, on produisait les signes en zig zag.

D'après le nombre de ces traits en zig zag, M. Morse avait combiné un alphabet en chiffres, qui suffisait à toutes les nécessités de la correspondance.

Mais comment pouvait-on produire ces contacts plus ou moins longs du crayon sur le papier ; comment était construit, ce que l'on nomme aujourd'hui le *manipulateur* et qui sert à produire à distance, les établissements et les interruptions du courant pendant le temps convenable. Ici était la partie faible de l'appareil, l'organe peu commode dans la pratique et qui fut remplacé bientôt par le *levier-clef*, dont nous aurons à parler plus loin.

Dans l'appareil qui fonctionna de 1832 à 1835, M. Morse employait un *interrupteur de courant*, ou *manipulateur*, qui agissait d'une manière mécanique, et voici comment. Il avait taillé des caractères ressemblant à des dents de scie, il les rangeait en longues files, et les faisait passer d'une manière réglée et uniforme, à l'aide d'un rouage d'horlogerie, sous un levier, pour ouvrir ou fermer le circuit voltaïque (voir la fig. 42). Ces dents étaient fixées sur une règle de bois M, que faisait avancer horizontalement, un rouage d'horlogerie, ou simplement la main tournant régulièrement la manivelle L. Lorsque les dents en saillie des caractères placés sur la barre M, venaient rencontrer un arrêt placé à la partie inférieure du levier OOP, ils soulevaient ce levier et le faisaient basculer sur son point d'appui N, en abaissant son autre extrémité, à laquelle était attaché l'un des fils de la pile I. Grâce à ce mouvement, l'extrémité du fil conducteur plongeait dans deux petites coupes K, J, pleines de mercure, formait ainsi la communication entre ces deux godets, et, par cette continuité métallique, établissait le courant électrique, tout à l'heure interrompu. Lorsque la dent avait passé, le levier se relevait, grâce au poids P, et ainsi de suite.

Les saillies des caractères, en passant sous ce levier, produisaient donc des établissements et des interruptions de courant correspondant à ces mêmes saillies.

La figure 43 donne un spécimen de ces types caractères, dont chacun répond à un chiffre depuis 1 jusqu'à 10.

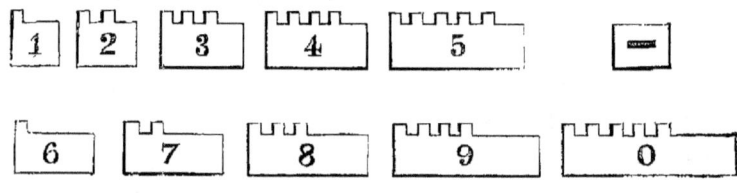

Fig. 43.

La figure 44 donne un exemple des signaux que le crayon formait par le mécanisme qui vient d'être décrit.

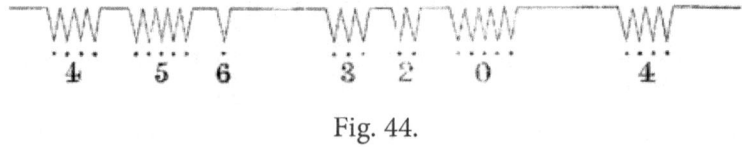

Fig. 44.

Comme nous l'avons déjà dit, le défaut de cet appareil résidait dans le*manipulateur*. M. Morse le remplaça bientôt par un appareil beaucoup plus simple, et dans lequel le doigt appuyant sur un levier, et maintenant ou suspendant le contact pendant un temps calculé, produisait sur le *récepteur* les signaux de l'alphabet conventionnel.

C'est en 1835 que fut exécuté l'appareil que nous venons de décrire. Il fut soumis par l'inventeur, à plusieurs expériences publiques de

1835 à 1836.

En 1837, M. Morse, après avoir imaginé son second *manipulateur*, et modifié le *récepteur* de manière à présenter la forme que nous décrirons bientôt, en fit la démonstration et l'expérience devant les membres de l'Université de New-York. Ces expériences firent grand bruit aux États-Unis ; et c'est pour cela que l'on a fixé, par erreur, à l'année 1837, l'invention de cet appareil, qui, en réalité, fut soumis pour la première fois à des expériences publiques, dans l'automne de 1835.

Confiant dans la valeur de son invention, M. Morse avait demandé au Congrès des États-Unis l'examen de son système de télégraphie électrique. Au commencement de l'année 1838, il était à Washington, sollicitant du Congrès les fonds nécessaires pour établir de Washington à Baltimore une ligne de télégraphie électrique, qui aurait démontré la possibilité pratique et les avantages de son invention.

Des expériences eurent lieu, à l'invitation du Congrès des Etats-Unis, le 2 septembre 1837, sur une distance de quatre lieues, en présence d'une commission de l'Institut de Philadelphie, et d'un comité pris dans le sein du Congrès.

Le résultat de ces expériences excita dans le comité nommé par le Congrès, un intérêt très-vif ; mais le scepticisme de quelques membres de ce comité, bien que les conclusions de son rapport fussent favorables, se communiqua à la majorité du Congrès, qui laissa l'affaire sans conclusion. La session législative de 1838 se terminai donc sans annoncer aucun résultat pour l'inventeur.

De même que James Rumsey, repoussé dans son pays, était venu offrir à l'Europe l'invention des bateaux à vapeur, dédaignée par ses compatriotes, Samuel Morse, en 1839, s'embarqua pour l'ancien continent, espérant attirer l'attention des gouvernements européens sur les avantages de son invention. Il s'adressa à l'Angleterre et à la France. Mais en Angleterre, M. Wheatstone venait d'occuper le monde savant d'appareils de télégraphie électrique, fondés sur d'autres principes, et l'on refusa de délivrer à l'inventeur américain la*patente*, ou brevet exclusif d'exploitation, qu'il sollicitait.

En France, M. Morse obtint facilement un brevet d'invention, pour son*télégraphe magnéto-électrique*. Mais la délivrance des brevets d'invention en France, n'a aucune signification, aucune portée pratique. M. Morse se décida en conséquence, à revenir aux États-Unis, pour reprendre auprès de ses compatriotes et des membres du Congrès, les démarches interrompues.

Sans appui, sans secours, avec peu d'espérance, mais avec toute l'énergie et la ténacité du caractère américain, il lutta pendant quatre ans contre l'indifférence de ses compatriotes et la tiédeur du Congrès.

L'année 1843 fut mémorable pour l'histoire de la télégraphie électrique en général, et pour M. Morse en particulier. Ce fut alors qu'il vit sa persévérance couronnée de succès. Par une décision du 3 mars 1843, le Congrès, ainsi que le Sénat des États-Unis, lui accordèrent une somme de 30 000 dollars (150 000 francs), pour se livrer à de nouvelles expériences sur une grande échelle. Mais cette solution, depuis si longtemps attendue, fut obtenue comme par miracle, et dans des conditions si singulières que nous ne pouvons résister au plaisir de les raconter.

Le Congrès avait accordé à M. Morse l'allocation de 30 000 dollars qu'il sollicitait depuis bien des années ; mais l'exécution de l'acte du Congrès était impossible, sans la ratification du Sénat. Or, pendant tout l'hiver de 1843, M. Morse avait vainement pressé les membres du Sénat de se prononcer. Toutes ses sollicitations étaient restées inutiles, et bien que ce vote lui eût été solennellement promis par un grand nombre de membres du Sénat, la session était au moment de se terminer sans qu'aucune décision eût été prise. C'était la ruine de notre inventeur, car il était à bout de ressources et de courage.

Le jour fixé pour la clôture de la session était arrivé et la séance touchait à son terme, sans que l'on eût songé à mettre sur le tapis l'allocation sollicitée par le professeur Morse. Ce dernier quitta donc la séance, et rentra à son hôtel, pour se coucher. Il voulait quitter Washington le jour suivant, et retourner chez lui, sans poursuivre davantage un but qui semblait toujours fuir au moment d'être atteint. En entrant dans le salon de l'hôtel, il demande que l'on prépare sa note, parce qu'il veut quitter dès le lendemain Washington. Et comme le maître d'hôtel manifestait sa surprise et son regret de ce départ :

« Si je restais un jour de plus à Washington, dit Morse, je n'aurais pas le moyen d'y payer mes modestes dépenses ; je suis littéralement à bout de ressources.

— Rien n'est pourtant désespéré, ajoute le maître d'hôtel, au sujet de l'allocation de 30 000 dollars que vous attendez. La Chambre des représentants ne l'a-t-elle pas votée ?

— Je le sais ; mais il faut que ce vote soit ratifié par le Sénat. Or, la session ne devant plus durer que deux jours, et la haute assemblée ayant cent quarante-trois bills à examiner avant d'arriver à celui qui me concerne, je crois que je puis faire mes paquets.

— Ce sera pour l'année prochaine. »

Le professeur, sans rien répondre, fit un geste de découragement.

Celte conversation avait été entendue par une jeune fille qui traversait le salon de l'hôtel.

« Courage, monsieur, dit-elle au savant, je vous protégerai.

— Vous, mon enfant !

— Oui, moi ; je suis miss Ellsworth, la fille du directeur du bureau des brevets.

— En effet, je connais votre père.

— Si vous le connaissez, vous devez savoir que nous recevons à la maison beaucoup de sénateurs.

— Eh bien ?

— Eh bien ! je verrai ces messieurs, je leur dirai : « Siégez jour et nuit, s'il le faut, mais ne vous séparez pas avant d'avoir accordé au professeur Morse les 30 000 dollars dont il a besoin pour doter le pays d'une découverte qui fera le pendant de celle de Fulton. »

— Merci, mademoiselle ; mais je crains bien que tous vos efforts ne soient inutiles.

— Ne me découragez pas, et promettez-moi de ne pas quitter Washington avant après-demain matin. Vous savez ce que femme veut… les sénateurs doivent le vouloir aussi.

— Soit, je resterai. »

Aussitôt, miss Ellsworth se met en campagne, et elle fait si bien que le sénat consent à retarder la session d'un jour pour s'occuper de la ratification du vote du Congrès, relatif aux expériences de télégraphe électrique.

CHAPITRE III

Le surlendemain, miss Ellsworth prenait le chemin de l'hôtel où nous l'avons déjà vue, et montant quatre à quatre les marches de l'escalier, elle s'élançait dans la chambre du professeur Morse, tout surpris d'une visite aussi matinale :

« Le vote de votre bill a été ratifié, s'écrie-t-elle, cette nuit à 4 heures, quelques secondes avant la clôture de la session. Nos pères conscrits dormaient bien un peu ; mais j'étais là, dans une tribune, leur rappelant d'un tel regard la promesse qu'ils m'avaient faite, qu'aucun d'eux n'a osé aller se coucher avant de l'avoir accomplie. Du reste, voici le *Globe officiel* de ce matin ; lisez. »

Le professeur Morse saisit la main de la jeune fille, et y déposa un baiser respectueux. Une larme tomba sur les doigts de miss Ellsworth : c'était le remerciaient de l'âme attendrie de l'inventeur.

En exécution de cette décision du Congrès, le gouvernement américain adopta l'appareil télégraphique de M. Morse, qui s'occupa aussitôt d'établir, une ligne télégraphique de Washington à Baltimore. Le *télégraphe magnéto-électrique* devait bientôt se répandre de là, dans le monde entier.

Mais il est temps d'arriver à la description du *télégraphe magnéto-électrique*, tel qu'il a été employé depuis l'année 1844, sur les lignes des États-Unis.

Les dispositions générales de cet appareil se trouvent indiquées dans la figure ci-jointe.

A, A représente un électro-aimant double. Chacun de ces deux électro-aimants se compose d'un long fil de cuivre recouvert de soie, enroulé un grand nombre de fois autour d'une lame de fer doux, laquelle doit s'aimanter par l'action du courant voltaïque. Au-dessus et à une faible distance de l'aimant, se trouve placé un morceau de fer CDE offrant à peu près la forme d'un fer à cheval : c'est la lame de fer qui doit être attirée par l'électro-aimant quand l'électricité circulera dans le conducteur. À ce fer à cheval se trouve lié un levier métallique horizontal DFH. Quand l'électricité circule dans le fil, ce fer à cheval est instantanément attiré, et vient se mettre en contact avec la petite plate-forme métallique CBE, qui fait partie de l'électro-aimant.

Fig. 45. — Récepteur des signaux du télégraphe Morse.

Par suite de cette attraction, le levier horizontal DH bascule autour du centre auquel il est fixé ; pendant que son extrémité D s'abaisse, son extrémité libre H s'élève. Or, au-dessus de ce levier, en regard et presque en contact avec une pointe H que l'on a garnie d'un crayon, se trouve disposée une bande de papier. Par suite de son mouvement d'élévation, sous l'influence de l'attraction magnétique, le crayon H vient donc se mettre en contact avec le papier, et peut y laisser une empreinte. Si l'on suspend le passage de l'électricité à travers les spires de l'électro-aimant, l'aimantation cesse, le fer à cheval CDE n'est plus attiré. Mais le levier DH, qui fait suite à l'électro-aimant, est muni à sa partie inférieure d'un long ressort d'acier FI, qui agit en sens contraire de l'électro-aimant et, par son élasticité, a pour effet d'abaisser le levier DH, et par conséquent de relever le fer à cheval CDE pour le ramener à sa position primitive, dès que l'influence électro-magnétique ne contre-balance plus sa propre traction. Ainsi, ces deux effets, d'une part l'attraction magnétique, d'autre part le ressort d'acier, s'exerçant chacun d'une manière alternative, ont pour résultat d'imprimer au crayon H un mouvement successif d'élévation ou d'abaissement, et de le mettre successivement en contact avec le ruban de papier qui entoure le rouleau G. Or, grâce à une combinaison ingénieuse, le ruban de papier qui passe sur le rouleau G est une sorte de lanière continue qui, à l'aide de rouages d'horlogerie, marche sans interruption, et vient ainsi présenter à l'action du crayon les différentes parties de sa longueur. Par les contacts successifs du crayon avec ce ruban de papier mobile, on peut donc former sur le papier une série de points ou de signes.

Le mécanisme destiné à produire la marche continuelle du ruban de papier se trouve indiqué dans la figure 46, qui représente le premier modèle de télégraphe électro-magnétique américain.

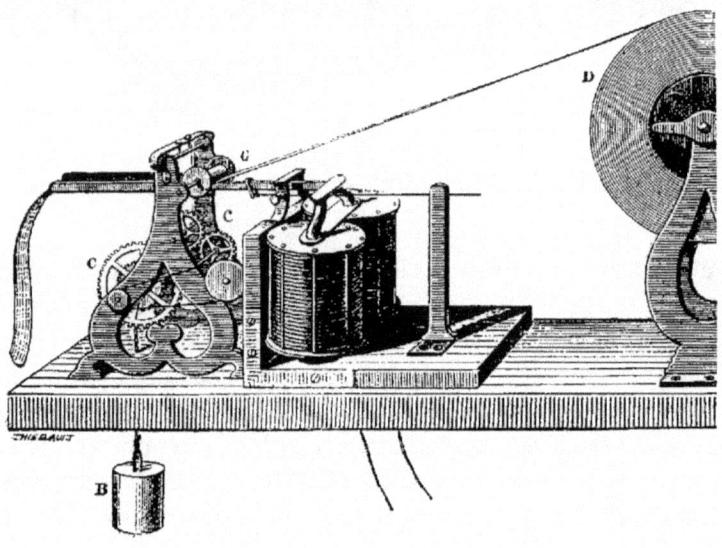

Fig. 46. — Récepteur des signaux et système de déroulement du papier du télégraphe Morse.

A est un cylindre de bois mobile autour de son centre. Sur ce cylindre se trouve enroulée toute une provision de papier D, coupée en ruban mince et continu et dont l'extrémité vient passer sur la poulie G. Le poids B met continuellement en action les rouages d'horlogerie C, C qui font tourner la poulie G et ont pour effet d'attirer et de dérouler peu à peu le papier disposé autour du cylindre de bois A, de manière à faire marcher constamment ce papier autour de la poulie et au-devant du crayon.

On comprend maintenant comment le style métallique du télégraphe peut imprimer une série de marques sur le papier quand le courant est successivement établi ou interrompu. Il reste à indiquer comment on peut à volonté provoquer ces alternatives du courant voltaïque, et produire ainsi les mouvements du crayon. Voici la disposition qui fut d'abord employée par M. Morse pour obtenir ce résultat.

La pile était placée à la station du départ, le télégraphe à la station opposée, le fil conducteur réunissait les deux stations. À la station du départ, le fil électrique était interrompu sur un point de son trajet à une petite distance de la pile, et ses deux extrémités disjointes venaient plonger dans une coupe pleine de mercure. Pour établir le courant voltaïque, il suffisait de plonger les deux extrémités disjointes du conducteur dans la coupe remplie de mercure, ce qui donnait une communication instantanée ; pour interrompre le courant, on retirait de la coupe les deux extrémités du fil.

Il est facile de comprendre que le courant voltaïque, établi ou interrompu par ce moyen, permet de tracer à distance des signes sur le papier mobile placé à la station extrême. En effet, quand on établit le courant, en plongeant dans la coupe de mercure les deux extrémités du fil conducteur, la pièce de fer, dans l'appareil télégraphique représenté figure 45, est aussitôt aimantée ; elle attire le levier CDE, et, par ce mouvement, le crayon, en s'élevant, vient porter sur le papier tournant ; quand le circuit est interrompu, le magnétisme disparaît et le crayon s'éloigne du papier. Lorsque le circuit est ouvert et fermé rapidement, il se produit sur le papier de simples points ; si, au contraire, il reste fermé pendant un certain temps, la plume trace une ligne d'autant plus longue, que la durée du circuit a été plus prolongée ; enfin rien n'est tracé sur le papier tant que le courant est interrompu. Ces points, ces lignes et ces espaces blancs conduisent à une grande variété de combinaisons.

Comme l'emploi de la coupe de mercure pour établir ou interrompre le courant électrique, présentait dans la pratique certaines difficultés, M. Morse l'a remplacée par un instrument plus simple, que nous représentons dans la figure 47. Il se compose d'une sorte de petite enclume métallique A, dont le bout inférieur placé au-dessous de la plate-forme BC est soudé au fil conducteur de la pile *a*, et d'une sorte de marteau métallique C′, fixé à l'extrémité d'un ressort d'acier D, soudé lui-même au bloc métallique E ; le second fil de la pile *b*, qui sert à compléter le circuit, est soudé à ce dernier bloc métallique. Lorsque le marteau repose sur l'enclume, le courant voltaïque est établi ; il est, au contraire, suspendu quand le marteau est séparé de l'enclume par l'action du ressort qui tend constamment à le soulever. Il suffit donc de toucher légèrement le marteau avec le doigt pour établir le courant, et de retirer le doigt pour l'interrompre. Ce petit instrument est aujourd'hui le seul employé comme*manipulateur* du télégraphe Morse, c'est-à-dire pour former, par rétablissement ou l'interruption du courant, la série des signes qui correspondent aux lettres de l'alphabet.

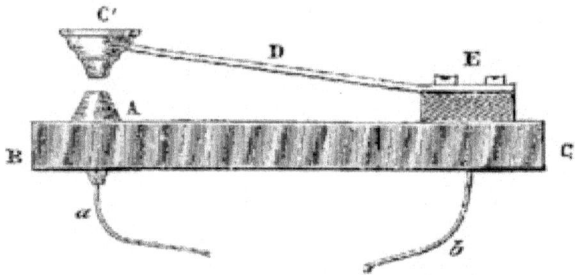

Fig. 47. — Manipulateur du télégraphe Morse.

Fig. 48. — Samuel Morse.

Dans le premier modèle du télégraphe américain, on se servait d'un crayon pour tracer les signes sur le papier. Comme il fallait à chaque instant aiguiser ce crayon, on le remplaça par une plume, à laquelle un réservoir fournissait constamment de l'encre. Cette plume donna d'assez bons résultats, mais l'écriture était confuse ; d'ailleurs, si l'instrument s'arrêtait quelque temps, l'encre s'évaporait et laissait dans la plume un sédiment qu'il fallait retirer avant de la mettre de nouveau en activité. Ces difficultés forcèrent l'inventeur à chercher d'autres manières d'écrire. Il s'arrêta à l'emploi d'un levier d'acier à trois pointes, qui imprime sur le papier tournant des traces nettes et durables. Ces pointes métalliques laissent sur le papier, qui est très-épais, des marques qui ne le percent pas, mais qui s'y impriment en relief, comme les caractères à l'usage des aveugles.[1] Ce gaufrage du papier a été employé fort longtemps ; ce n'est qu'en 1860 que plusieurs constructeurs français et étrangers ont perfectionné le télégraphe Morse en lui faisant tracer des signes à l'encre.

Nous donnerons la description complète du télégraphe de Morse modifié par divers constructeurs européens et tel qu'il est employé maintenant, dans le chapitre qui sera consacré à la description des appareils de télégraphie électrique, aujourd'hui en usage. Nous n'avons voulu pour le moment que faire connaître les principes généraux.

C'est au mois de mai 1844 que fut inaugurée, aux États-Unis, la première ligne télégraphique ; elle était établie entre Washington et Baltimore, sur une longueur de seize lieues. Les nouvelles relatives à l'élection du président furent transmises avec tant de rapidité, que tout le monde fut dès ce moment convaincu des immenses

---

1 L'emploi du crayon était préférable à celui des pointes d'acier, auxquelles M. Morse fut contraint d'avoir recours, par suite de la difficulté qu'il éprouva à faire retailler le crayon à mesure qu'il s'use par le travail. M. Froment a construit un appareil de ce genre portant un crayon qui se taille lui-même en écrivant, parce qu'il tourne continuellement sur son axe, tout en exécutant ses mouvements ; ce frottement, contre le papier use le crayon dans le sens convenable pour l'entretenir constamment taillé. Les signes formés par ce télégraphe ressemblent à ceux que donnait le premier modèle du télégraphe Morse ; ils ont la forme suivante :

D'après le nombre de ces traits, on peut construire un alphabet en chiffres.

avantages de ce nouveau moyen de communication. Tout aussitôt se formèrent plusieurs compagnies particulières pour doter le pays de cet inappréciable bienfait. La ligne de Washington à Baltimore fut bientôt prolongée jusqu'à Philadelphie et à New-York, sur une étendue de cent lieues. En 1845, elle atteignait Boston, et formait la grande ligne du Nord, sur laquelle d'autres lignes vinrent plus tard s'embrancher.

Le réseau télégraphique embrasse aujourd'hui aux États-Unis un territoire immense ; il relie le golfe du Mexique aux forêts du Canada. L'une des lignes télégraphiques partant de Burlington-Vermont, sur la frontière du Canada, traverse Boston, New-York et Washington, en passant par Baltimore et Philadelphie ; elle parcourt la Virginie, la Caroline, la Géorgie, et descend par Richmond, Raleigh, Columbia, Augusta et Mobile jusque vers le golfe du Mexique, et jusqu'à l'embouchure du Mississipi, qu'elle atteint à la Nouvelle-Orléans. Une seconde ligne principale part de cette dernière ville et remonte les vallées du Mississipi et de l'Ohio jusqu'à Louisville. Beaucoup d'autres partent des côtes de l'Océan, pour se diriger vers le centre du pays, en remontant vers les grands lacs qui le bornent au nord. La ligne de Burlington-Vermont présente une étendue considérable, en raison de la grande distance qui sépare les diverses villes qu'elle embrasse. Entre Burlington-Vermont et Boston, elle a 116 lieues à parcourir ; entre Boston et New-York, 102 lieues ; entre New-York et Washington, 137 lieues ; entre Washington et Colombia, 205 lieues ; entre Columbia et la Nouvelle-Orléans, 485 lieues. La ligne de la Nouvelle-Orléans à Louisville présente, y compris les embranchements, une étendue de 460 lieues.

Dans les divers États de l'Union américaine, la télégraphie électrique occupait au mois de juillet 1849, d'après un relevé officiel, une étendue totale de 11 051 milles ou 4 446 lieues de France.

En novembre 1852, la longueur totale des lignes de télégraphie électrique dans les États-Unis et le Canada, était de 19 000 kilomètres (4 750 lieues de France). Ce réseau mettait en communication environ 550 centres de population, grands ou petits.

En 1854, le télégraphe électrique parcourait 41 392 milles (16 650 lieues)[1] dans les États-Unis. Aujourd'hui presque toutes les villes

1 Le mille américain, comme le mille terrestre anglais, est de 1 kilomètre 609,3

importantes sont reliées par des fils télégraphiques, qui forment sur le territoire entier, un réseau aux mailles infinies.

Depuis l'année 1845, dans les États de l'Union américaine, le télégraphe électrique a été mis à la disposition du public. Le gouvernement abandonne à la concurrence industrielle l'exploitation du service général de la nouvelle télégraphie ; il se réserve seulement l'usage d'un ou de deux fils sur les lignes établies. Aussi la concurrence n'a-t-elle pas tardé à multiplier singulièrement le nombre des lignes et à perfectionner les appareils. Entre certaines villes, il existe quelquefois deux ou trois établissements rivaux pour l'exploitation de la correspondance électrique.

Par suite de ces faits, la télégraphie électrique a pris aux États-Unis un développement immense ; elle rend au commerce, à l'industrie, aux relations privées des citoyens, des services qui sont de tous les jours et de tous les instants.

Aux États-Unis, le télégraphe électrique n'est donc ni la propriété de l'Etat, comme en France et dans les principaux pays de l'Allemagne, ni l'objet d'un monopole concédé à une compagnie unique, comme en Angleterre, La transmission des dépêches par l'électricité, est une industrie particulière, exploitée par des compagnies nombreuses, qui ne relèvent en rien, pour leur administration, du gouvernement central ou de celui des États, et qui, dans beaucoup de parties de l'Union américaine, peuvent se former sans aucune sanction de l'autorité publique. Tout citoyen, toute réunion de citoyens, a le droit d'établir, d'un point à un autre, dans certains États, une communication électrique, à la seule condition de se soumettre aux lois et ordonnances pour l'établissement des fils dans les villes, sur les routes, sur les chemins de fer, sur les monuments publics, et dans les propriétés particulières. La constitution politique et sociale du pays donne à cet égard toute liberté.

Les lignes de télégraphie électrique sont loin d'être construites en Amérique, avec le soin qu'on y apporte en Europe. Pour les télégraphes électriques comme pour les chemins de fer, on se préoccupe de créer rapidement plutôt que de bien faire. Les poteaux qui servent à soutenir les fils élevés dans l'espace, ne sont pas, comme ceux des lignes européennes, de bonnes et solides mètres.

branches de sapin, bien sèches et injectées de sels qui en assurent la conservation. Ce sont tout simplement de jeunes arbres à peine dégrossis. Dans les villes, ces poteaux sont très-élevés et très-solides ; fixés sur les bords des trottoirs, ils supportent de 12 à 15 fils. Hors des villes, le télégraphe est placé le long des chemins de fer, sur le bord des routes, des canaux ou des rivières. Aucune difficulté ne retarde, aucun obstacle n'arrête dans son installation. S'il se rencontre d'immenses forêts où l'homme n'ait jamais pénétré, on n'hésite pas devant cet obstacle : le surveillant du télégraphe sera peut-être la seule créature humaine qui traversera ces déserts. On fixe contre le tronc des arbres de longs clous à tête recourbée, et l'on y attache un goulot de verre, qui livre passage au fil (*fig.* 49).

Fig. 49. — Une ligne de télégraphie électrique dans une forêt d'Amérique.

Tel est, dans les forêts d'Amérique, le système économique de suspension et d'isolement du fil de télégraphe. Aussi résulte-t-il de cette disposition, par trop simple, de fréquentes interruptions dans les communications. Des accidents nombreux, comme la chute des arbres pourris, des orages, des ouragans, la présence de la séve dans l'arbre qui établit une conductibilité vers le sol, occasionnent très-souvent la rupture des communications télégraphiques.

Des brigades d'hommes sont chargés de la surveillance des fils et poteaux ; ils parcourent sans cesse la ligne, munis des outils nécessaires pour les réparations. Dans les pays où la population est un peu compacte, cescantonniers sont placés à d'assez grandes distances, par exemple, à 50, 100 et quelquefois 150 kilomètres les uns des autres. Mais sur les lignes qui traversent les épaisses forêts du Sud, il a été reconnu indispensable de ne pas les séparer de plus de 30 à 40 kilomètres.

Le système d'appareils de télégraphie électrique est loin d'être uniforme aux États-Unis. Aucune loi n'exigeant l'observation de certaines règles ou conditions, chaque compagnie construit ses appareils selon ses ressources ou ses besoins.

Trois systèmes fonctionnent sur les diverses lignes des États-Unis : le système Morse, celui d'Alexandre Bain et celui de House. Sur la plupart des lignes on se sert des appareils de M. Morse.

Le télégraphe de M. Bain, c'est-à-dire le télégraphe qui imprime les dépêches en caractères bleus sur une feuille de papier revêtue d'une préparation chimique, imprime les dépêches au moyen d'une pointe de fer qui se meut sur un papier imbibé de cyanure de potassium et de fer. Lorsque le courant passe, le fer est attaqué chimiquement au contact du cyanure, et laisse sur le papier une trace de bleu de Prusse. Dans ce système, que nous décrirons plus loin, la transmission se fait avec une très-grande rapidité ; mais la composition préalable que l'on est obligé de faire de la dépêche, demande un temps assez long. Ce télégraphe est employé par plusieurs compagnies dont le réseau forme environ 2 500 kilomètres.

L'appareil de House marque des lettres ordinaires d'imprimerie sur une bande de papier, de telle sorte que l'on envoie au destinataire la dépêche tracée par l'appareil lui-même, sans aucune transcription. L'inventeur a vendu à une compagnie le droit d'exploiter son brevet, pris en 1846. Cet appareil, plus compliqué que les autres, et peut-être un peu moins rapide, est employé sur trois lignes : sur celle de New-York à Philadelphie, sur celle de Boston et sur celle de Buffalo.

Donnons maintenant quelques détails sur l'organisation du service pour l'exploitation de la télégraphie électrique en Amérique.

Une ligne de grande distance étant toujours la propriété de plusieurs compagnies, il en résulte, à chaque point où la dépêche est retranscrite par une compagnie pour être réexpédiée par une autre, de fâcheux retards, qu'il est impossible d'éviter par aucun moyen. La durée ordinaire du temps nécessaire pour envoyer de New-York à la Nouvelle-Orléans une dépêche, et pour en recevoir la réponse, est de deux jours : la distance aller et retour par les fils, est de 6 300 kilomètres environ (1 575 lieues). C'est que les lignes, rarement en bon état, traversent d'immenses forêts, et que de nombreuses transcriptions sont nécessaires. Les longues lignes laissent donc beaucoup à désirer sous le rapport de la régularité, mais celles qui sont entre les mains d'une seule compagnie sont généralement bien servies.

Outre les retards qui proviennent de l'étendue des lignes et de l'imperfection de leur établissement, une des causes qui produisent les plus nombreuses interruptions dans le service des télégraphes électriques aux États-Unis, c'est la fréquence des orages. Plusieurs compagnies ont cru trouver un moyen de remédier à cet inconvénient, en posant sur le sommet de chaque poteau, un morceau de fil de fer taillé en pointe, de 15 à 20 centimètres de haut, et mis en communication avec le sol.

Les bureaux des télégraphes sont ouverts, pendant la semaine, de 7 heures du matin à 10 heures du soir ; le dimanche, de 9 heures à 10 heures le matin, de 2 à 3 et de 7 à 9 le soir. Toute personne qui le demande, peut néanmoins, pendant la semaine, expédier une dépêche en dehors des heures ordinaires de travail, à la charge par elle de payer par heure 2 francs 50 c. pour chaque stationnaire ainsi occupé, ou 5 francs par bureau. Les journaux attendant des nouvelles intéressantes de quelque point du territoire, usent fréquemment de cette faculté.

Les dépêches sont transmises toutes d'après leur ordre d'inscription. Cependant, quelques messages d'une nature urgente ont droit à une expédition plus rapide, et prennent un tour de faveur. Telles sont, par exemple, les dépêches du gouvernement ou de la justice, celles pour la découverte des criminels, les nouvelles de mort ou de maladie, etc., enfin, les communications très-importantes qui intéressent la presse. La personne qui envoie un message peut le transmettre en langue étrangère ou en chiffres secrets.

Les chemins de fer aux États-Unis étant encore, à très-peu d'exceptions près, tous à simple voie, le télégraphe électrique semble devoir être pour eux un complément indispensable. Il y a généralement sur chaque ligne de fer une ligne de télégraphie ; mais le chemin de fer n'ayant, par économie, aucun fil, aucun poste, aucun personnel à lui, ne retire du télégraphe que fort peu de services.

En Angleterre et en France, les compagnies de chemins de fer ont des fils électriques à leur disposition. Aussi les employés sont immédiatement informés des moindres événements qui se passent sur leurs lignes. Il en résulte pour l'exploitation une grande sécurité, et dans certaines branches de service, une économie notable. Mais, à cet effet, les compagnies ont des bureaux de télégraphe, un personnel spécial dans leurs gares principales et de petits postes dans leurs stations secondaires. D'ordinaire, les chefs et employés de ces stations secondaires sont, en même temps, agents du télégraphe électrique pour la compagnie. Aux États-Unis, au contraire, les chemins de fer n'ont ni postes ni fils télégraphiques dont ils aient la propriété et l'usage exclusifs. Quand les besoins de l'exploitation d'un chemin de fer exigent la transmission de quelque dépêche, l'agent de la compagnie transporte son message à la station du télégraphe ; dans les cas véritablement urgents, il prend un tour de priorité sur ceux du public, et n'est soumis à aucune taxe. Ces faveurs sont accordées en retour de la permission donnée à la compagnie du télégraphe de poser ses poteaux sur la ligne de fer. Cet état de choses ne permet pas aux administrations de chemins de fer d'user du télégraphe pour ces mille dépêches de service qui facilitent tant l'exploitation des chemins de fer dans les diverses parties de l'Europe où presque chaque ligne de chemin de fer est, en même temps, pourvue d'un fil de télégraphie électrique.

On voit, en résumé, que, si les États-Unis ont un réseau télégraphique important par son étendue, il leur reste pourtant beaucoup à faire encore pour la régularité, pour l'utilité de son exploitation.

CHAPITRE IV

LA TÉLÉGRAPHIE ÉLECTRIQUE EN ANGLETERRE. — LE TÉLÉGRAPHE
À AIGUILLES DE MM. COOKE ET WHEATSTONE. — ÉTAT ACTUEL DE
LA TÉLÉGRAPHIE ÉLECTRIQUE EN ANGLETERRE.

La plupart des lignes de télégraphie électrique qui fonctionnent aujourd'hui sur les chemins de fer anglais, ont été créées par M. Wheatstone.

Nous avons déjà parlé du télégraphe à cinq *galvanomètres*, imaginé par M. Wheatstone. Ce télégraphe fut établi, en 1838, sur une partie du chemin de fer de Londres à Liverpool. Fondé, comme les télégraphes d'Alexander et de Schilling, sur le principe de la déviation de l'aiguille aimantée par le courant voltaïque, il se composait, comme on l'a vu, de cinq fils qui servaient à faire apparaître instantanément les diverses lettres de l'alphabet.

Cependant ce télégraphe n'était que l'enfance de l'art. L'emploi des cinq conducteurs était une source de complications dans le jeu de l'appareil et d'augmentation de dépenses pour son établissement. Suffisant pour les besoins du service d'un chemin de fer, il n'était point applicable à un service étendu de communications quotidiennes. C'est, en effet, pour l'usage des chemins de fer que M. Wheatstone avait construit cet instrument, qui resta en usage, depuis l'année 1838 jusqu'à l'année 1846, sur les railways du Great-Western, de Blackwall, de Manchester à Leeds, d'Edimbourg à Glasgow, de Norwich à Yarmouth et de Dublin à Kingstown.

Les résultats avantageux obtenus, avec les appareils de MM. Cooke et Wheatstone, sur les chemins de fer du Great-Western et de Blackwall, décidèrent la rapide extension que la télégraphie électrique ne tarda pas à prendre en Angleterre. Pendant l'année 1846, il se forma à Londres, sous le nom de *Compagnie du télégraphe électrique*, une compagnie puissante qui se proposait d'étendre ce genre de communications à toutes les villes importantes de l'Angleterre et de l'Écosse. Le système adopté sur la plupart de ces lignes fut le télégraphe à *deux aiguilles*, inventé par MM. Cooke et Wheatstone.

Le *télégraphe à deux aiguilles* est l'instrument télégraphique réduit à sa plus simple expression : l'intelligence de l'opérateur y tient, pour ainsi dire, lieu de mécanisme.

Le *télégraphe à deux aiguilles* de MM. Cooke et Wheatstone se compose tout simplement de deux aiguilles aimantées, fixées chacune au centre d'un cercle, et qui peuvent se mouvoir autour de ce cercle. Deux manivelles ou poignées, que l'opérateur tient dans ses mains, servent à diriger autour des deux aiguilles aimantées le courant d'une pile voltaïque, lequel a pour effet de faire dévier ces aiguilles de leur position. Le mouvement imprimé aux manivelles établit ou interrompt le courant électrique, et l'aiguille aimantée peut, de cette manière, prendre sur la circonférence du cercle la place que l'on désire. Ces deux aiguilles et leurs cadrans sont fixés sur le panneau antérieur d'une sorte de grande boîte.

Fig. 50. — Télégraphe anglais à deux aiguilles.

La figure 50 représente l'extérieur du *télégraphe à aiguilles aimantées* de MM. Cooke et Wheatstone. On y voit deux aiguilles que mettent en mouvement, par l'intermédiaire du courant électrique, deux manivelles. À l'intérieur de la boîte, et cachées par la paroi antérieure de cette boîte, sont deux bobines de fil conducteur, dans lesquelles le courant électrique peut circuler au moment opportun. C'est le courant qui, agissant sur les aiguilles aimantées apparentes à l'extérieur, met ces aiguilles en mouvement, pour produire les signaux. Pour faire tourner à volonté, tantôt à droite, tantôt à gauche, l'une ou l'autre des aiguilles aimantées, il suffit de changer le sens du courant ; et ce changement est produit par le mouvement, à droite ou à gauche, que l'on imprime aux manivelles.

Les positions combinées que peuvent prendre les deux aiguilles ont servi à former un alphabet. Les signes adoptés pour la désignation des lettres sont les suivants :

A, un coup à gauche de l'aiguille à gauche ;
B, deux coups de la même aiguille à gauche ;
C, trois coups de la même aiguille à gauche ;
D, quatre coups de la même aiguille à gauche ;
E, un coup de l'aiguille de gauche et deux de l'aiguille de droite ;
F, un coup de l'aiguille de gauche et trois de l'aiguille de droite.

C'est, comme on le voit, un alphabet de sourd-muet ; on forme avec les aiguilles du télégraphe, des signes analogues à ceux que le sourd-muet exécute avec ses doigts, On a compté sur l'adresse, sur l'habileté particulière des employés, pour suppléer à l'insuffisance du mécanisme de l'instrument. L'expérience a justifié la confiance que l'inventeur avait mise dans les ressources de l'organisation humaine servie et réglée par l'intelligence. Le moyen physiologique est destiné à suppléer ici à l'imperfection de la combinaison mécanique.

Il importe d'ajouter pourtant que des erreurs se glissent assez fréquemment dans les messages transmis de cette manière, et que, si l'appareil télégraphique anglais est le plus simple que l'on connaisse, il est loin d'être parfait. Par suite de son emploi, beaucoup de dépêches sont chaque jour incomplètement ou inexactement transmises. Outre l'inconvénient d'exiger deux fils conducteurs, ce qui double les dépenses d'installation, le système anglais présente ce côté très-défavorable, que nulle trace du message ne peut y être conservée. C'est la mémoire seule des employés, occupés à lire sur les cadrans, les signaux au fur et à mesure de leur transmission, qui répond de l'exactitude de la traduction. Aucun moyen de contrôle ne permet de reconnaître une erreur commise dans leur travail. C'est à ces deux causes, graves toutes les deux, qu'il faut attribuer l'imperfection relative que présente en Angleterre la pratique de la nouvelle télégraphie. Aussi l'appareil de MM. Cooke et Wheatstone n'a-t-il été adopté par aucune autre nation de l'Europe pour le service télégraphique.

Pour faire manœuvrer les aiguilles des cadrans, on a choisi des jeunes garçons de quinze ou seize années ; on comptait avec raison sur la vivacité et la délicatesse de mouvements naturelles à cet âge pour se plier plus vite aux conditions si nouvelles et si particulières de ce service. Ces enfants n'ont pas tardé, en effet, à acquérir une habileté prodigieuse à comprendre le vocabulaire télégraphique et à exécuter les signaux qui le composent. Rien n'égale leur dextérité dans le maniement pratique de ce langage de sourd-muet. Les aiguilles s'agitent sous leurs doigts avec la promptitude de la pensée ; les mouvements sont si pressés et si rapides, que l'œil a de la peine à les suivre. On lit en gros caractères sur les murs de la salle : « *Ne dérangez pas les employés quand ils sont occupés à leurs appareils.* » Cet avis est assez superflu, car on voit les enfants, pendant le cours de leur travail, causer, rire, et s'occuper de ce qui se passe autour d'eux, comme s'ils exécutaient la besogne la plus indifférente ; il leur arrive même, pendant l'expédition d'un message, de faire des aparté télégraphiques et d'assaisonner les dépêches qu'ils sont occupés à transcrire de quelques plaisanteries à l'adresse de leur camarade.

On a observé, en effet, que les jeunes employés du télégraphe finissent par faire, en quelque sorte, connaissance avec leurs correspondants des autres stations. Cette espèce d'intimité est si bien établie entre eux, qu'ils savent reconnaître aux premiers mouvements des aiguilles, celui de leurs camarades qui se dispose à leur écrire. On entend quelquefois un des employés de Londres s'écrier, en remarquant les mouvements de son appareil que l'on commence à faire agir de Manchester, par exemple : « Ah ! voilà George revenu ! » Un autre, en voyant les premières oscillations de ses aiguilles que l'on fait marcher de Liverpool, prend sa place d'un air de contrariété et de mauvaise humeur, en disant : « Allons, c'est encore ce brutal de John qui est là-bas ! » Ces sentiments d'antipathie qui s'établissent ainsi entre les employés d'une même ligne vont quelquefois au point de forcer l'administration à les séparer ; c'est ce que l'on a fait récemment sur la ligne de Londres à Birmingham, où deux jeunes gens étaient sans cesse occupés à se quereller et à échanger des injures par le télégraphe.

Ajoutons que depuis quelques années, les femmes sont employées, en très-grand nombre, dans les bureaux d'expédition des dépêches, à Londres.

La télégraphie électrique est aujourd'hui exploitée en Angleterre, sur une échelle considérable. En 1846, *la Compagnie du télégraphe électrique* fit construire un établissement magnifique dans la Cité de Londres, à proximité de la Bourse et du quartier de la Banque. Ces bâtiments forment le point de jonction où viennent aboutir les lignes télégraphiques qui rayonnent de soixante villes importantes. Londres se trouve ainsi en communication instantanée avec Cambridge, Norwich, Portsmouth ; avec Birmingham, Stratford, Derby, Nottingham, Liverpool, Manchester, Glasgow, Édimbourg, etc. ; il communique aussi de la même manière avec Folkstone et Douvres.

Le bureau central de la Compagnie se trouve relié avec toutes les têtes des chemins de fer qui ont des bureaux de télégraphie électrique, par des fils qui passent dans les rues à travers des conduits souterrains. Ce bureau central communique ainsi avec toutes les lignes d'Angleterre, et il correspond dans ce moment avec toutes les stations ou bureaux électriques situés dans Londres et les autres villes importantes de la Grande-Bretagne.

Depuis quelques années, la Compagnie a étendu d'une manière remarquable les fils du réseau électrique. D'après un relevé donné en 1850 par M, Walker, 2 218 milles anglais (917 lieues de France) étaient déjà occupés par les fils du télégraphe électrique.

Depuis cette époque, le réseau télégraphique a plus que doublé d'étendue.

L'administration anglaise a mis, quatre années avant nous, le télégraphe électrique à la disposition du public. La *Compagnie du télégraphe électrique*, qui, en Angleterre, a le monopole de toutes les communications télégraphiques, est chargée de l'exécution de ce service. Les correspondances du gouvernement ont lieu, comme celles du public, par le bureau central de la Compagnie ; seulement le gouvernement obtient, *par déférence*, la priorité pour le passage de ses dépêches. On assure même que ce privilège peut lui être contesté.

Voici les dispositions intérieures du *Télégraphe central de Londres*.

Le *Télégraphe électrique central* est situé dans la rue Lothbury, en face du mur extérieur de la Banque. Quand on entre dans l'établissement, on trouve d'abord une grande salle commune, éclairée par le haut, et contenant trois galeries superposées. Au milieu de la salle règne une longue table divisée par des rideaux verts, en six compartiments ou pupitres. C'est là que le public est admis à écrire les communications destinées à être expédiées par le télégraphe. Les messages doivent être inscrits sur une feuille de papier à lettre, dont près de la moitié est déjà remplie par une formule imprimée, avec des blancs destinés à recevoir le nom et l'adresse de l'expéditeur, celui de la personne à qui la communication est adressée, le prix du message et celui de la réponse, la date et l'heure de la réception de la dépêche, enfin la date et l'heure à laquelle la transmission a été commencée et terminée.

Fig. 51. — Wheatstone.

À mesure que les messages sont écrits, ils sont passés l'un après l'autre, par un guichet vitré, dans une petite pièce nommée *bureau d'enregistrement*. Là on en prend note, et on les marque d'un numéro d'ordre. L'employé qui vient de faire cet enregistrement les place ensuite dans une petite boîte, et tire le cordon d'une sonnette. Au même instant la boîte s'envole par une espèce de cheminée de bois et transporte son contenu à la partie supérieure de l'édifice dans la *salle des instruments*.

Si l'on rejoint la dépêche en suivant la voie plus lente, mais plus commode, de l'escalier, on arrive dans une assez grande pièce où se trouvent disposés huit appareils télégraphiques, destinés à transmettre les messages dans les différentes directions. Chacun de ces appareils porte les noms de six ou huit stations avec lesquelles il correspond. Un employé suffit pour desservir trois de ces appareils.

Quand les différents messages sont arrivés à l'étage des instruments, on les place sur l'appareil qui doit en faire l'expédition, et l'employé chargé de ce travail se met aussitôt à l'œuvre.

Il saisit de ses deux mains, les deux manivelles qui font mouvoir les aiguilles, et transmet la dépêche, en faisant rapidement manœuvrer en divers sens cette poignée, qui imprime à ses aiguilles et à celles de son correspondant des mouvements saccadés désignant telle ou telle lettre de l'alphabet électrique. Le message, reçu à la station où il a été envoyé, est immédiatement copié et porté à son adresse par un piéton attaché à l'établissement.

Les dépêches expédiées des différentes stations du royaume et aboutissant à Londres sont reçues dans la même *salle aux instruments*, dont nous venons de voir partir un message. La manœuvre pour la réception est tout aussi simple que celle de l'envoi. Deux employés se tiennent au-devant de l'appareil qui transmet la dépêche. L'un d'eux lit les mots à mesure qu'ils se présentent, et les dicte à son camarade. Cette dictée est si rapide que la plume a de la peine à la suivre. Quand un mot n'a pas été bien compris, l'employé en informe son correspondant par un signal particulier, et celui-ci recommence. La dépêche terminée, celui qui l'a reçue relit le manuscrit pour s'assurer qu'aucune erreur n'a été commise. L'heure et la minute de la réception sont notées ;

la copie est signée et elle descend au bureau d'enregistrement, où elle est transcrite sur un registre, et enfin envoyée à son adresse par un facteur.

Indépendamment de la transmission des messages particuliers, la*Compagnie du télégraphe électrique* a établi, au centre des principales villes du royaume, des bureaux où l'on peut recevoir et d'où l'on peut expédier à toutes les autres stations, des renseignements et des communications de différente nature. Il y a, à chacune de ces stations, une salle pour les abonnés, dans laquelle on affiche sur des tableaux, au fur et à mesure qu'elles arrivent, toutes les informations d'un intérêt public ou commercial, telles que le cours de la bourse de Londres, les mercuriales des différents marchés, le prix courant des marchandises dans les principaux centres manufacturiers, l'état de la mer et de l'atmosphère pris à 9 heures du matin dans les divers ports, l'arrivée et le départ des navires, les sinistres de mer, les nouvelles du *sport* et du parlement, les nouvelles générales, etc.

Dans la grande salle du poste central de la *Compagnie télégraphique* de la rue Lothbury aboutissent plus de cent fils télégraphiques. Cent jeunes filles y manœuvrent à la fois le télégraphe à aiguille : elles reçoivent, en moyenne, 90 francs par mois. Dans la ville de Londres, près de mille autres jeunes filles exercent la même profession.

Le poste central communique avec quelques bureaux de la ville, au moyen de tubes atmosphériques. En Angleterre, la correspondance télégraphique n'étant gênée par aucune loi, il n'existe pas, comme en France, de lignes télégraphiques affectées au service de l'Etat. Les dépêches du gouvernement suivent donc la même voie que celle des particuliers.

Il s'est formé plus récemment à Londres, une compagnie de télégraphie privée (*Universal telegraph private company*) qui établit des fils télégraphiques à l'usage des particuliers, tels que commerçants, fabricants, marchands, armateurs, directeurs de journaux, etc. Moyennant un abonnement annuel, cette compagnie établit et entretient des télégraphes particuliers, qui rendent les plus grands services au travail et à l'industrie. Les fils sont en cuivre très-fin, recouvert de caoutchouc, et entouré d'un ruban de fil. Les appareils sont des télégraphes à aiguilles du système Wheatstone.

L'Angleterre est un des pays dans lesquels la télégraphie a pris le plus d'extension. Il y a en Angleterre plus de mille bureaux télégraphiques, qui envoient plus de deux millions de dépêches par an. On donne quelquefois, à Londres, des soirées télégraphiques destinées à l'amusement des ladys désœuvrées. On se procure le plaisir d'établir des correspondances avec les plus lointains pays : on s'informe à Alexandrie, de l'état des travaux du canal de Suez, et l'on demande à Saint-Pétersbourg des nouvelles de la santé du czar.

CHAPITRE V

LA TÉLÉGRAPHIE ÉLECTRIQUE EN FRANCE. — LA TÉLÉGRAPHIE ÉLECTRIQUE À LA CHAMBRE DES DÉPUTÉS EN 1842. — ARAGO ET M. POUILLET. — LIGNE D'ESSAI SUR LE CHEMIN DE FER DE PARIS À ROUEN EN 1844. — LA LOI POUR L'ÉTABLISSEMENT D'UNE LIGNE DE TÉLÉGRAPHIE ÉLECTRIQUE DE PARIS À LILLE, DEVANT LA CHAMBRE DES DÉPUTÉS, EN 1846. — LE TÉLÉGRAPHE FOY-BRÉGUET. — ADOPTION DU TÉLÉGRAPHE MORSE EN 1854. — PROGRÈS DE LA TÉLÉGRAPHIE EN FRANCE. — UNE VISITE AU POSTE CENTRAL DES TÉLÉGRAPHES DE PARIS.

La France a suivi de près l'Amérique et l'Angleterre dans l'adoption de la télégraphie électrique. Le monopole du télégraphe accordé, parmi nous, à l'État, mit quelques retards à l'adoption générale de ce nouveau système ; mais l'administration s'efforça de réparer le temps perdu. Elle a doté la France de la télégraphie électrique, à mesure que ses avantages pratiques étaient mis en évidence chez d'autres nations. C'est le tableau de cette substitution graduelle faite dans notre pays, du télégraphe électrique au télégraphe aérien, que nous allons tracer rapidement.

En 1841 une ligne télégraphique avait été construite en Angleterre, pour le service du chemin de fer du *Great Western*, entre Londres et la station de Slough, sur une longueur d'environ 6 lieues. L'établissement de cette ligne télégraphique chez nos voisins, fit ouvrir les yeux à l'administration française : M, Alphonse Foy s'empressa d'aller étudier sur les lieux ce nouveau système.

L'existence de la télégraphie électrique en Angleterre, fut signalée à la Chambre des députés, qui, malheureusement, n'y prêta pas grande attention. C'était au mois de juin 1842, à l'occasion d'une demande de crédit qui avait été faite à la Chambre pour expérimenter le système d'éclairage du télégraphe aérien, proposé par M. Jules Guyot, dans le but de créer une télégraphie nocturne. M. Pouillet, membre de l'Académie des sciences et professeur de physique à la Sorbonne, était rapporteur du projet, et recommandait vivement le système de M. Guyot. À cette occasion, Arago fit connaître le récent établissement de la télégraphie électrique en Angleterre, et les excellents résultats qu'elle promettait. M. Pouillet répondit que la question avait été examinée par la commission chargée d'étudier le projet de loi, mais que le télégraphe électrique « paraissait peu convenable et peu rationnel, » et qu'il fallait attendre.

On a dit que, dans cette discussion, M. Pouillet avait déclaré que la télégraphie électrique était « une utopie brillante qui ne se réaliserait jamais. » L'opposition faite par M. Pouillet à la télégraphie électrique, pour mieux défendre le système d'éclairage du télégraphe nocturne de M. Guyot, a été exagérée. Cet académicien ne pouvait dire que la télégraphie électrique n'était qu'une utopie irréalisable en pratique, puisqu'elle fonctionnait en ce moment même, de l'autre côté du détroit.

Toutefois la froideur, qu'un juge aussi compétent que M. Pouillet, témoignait à la télégraphie électrique, ne pouvait que retarder l'introduction de ce système en France. La télégraphie électrique trouvait donc parmi nous quelques partisans et beaucoup d'incrédules. Ce qui arrêtait, ce qui causait les scrupules de l'administration et du public, ce n'était point le principe de l'instrument en lui-même, mais bien la crainte de ne pouvoir défendre les fils contre la malveillance. On ne pouvait admettre qu'un immense fil conducteur tendu librement à travers les villes, ou dans la solitude des campagnes, pût y rester à l'abri des atteintes des malfaiteurs ou des gens mal intentionnés. L'expérience a prouvé combien ces craintes étaient chimériques ; mais à cette époque, c'était là la grande objection que chacun mettait en avant.

Il est certain que si les chemins de fer n'eussent pas existé en France, l'adoption de la télégraphie électrique aurait encore éprouvé de longs retards. Heureusement, les voies ferrées offraient pour l'expérience de ce système, une voie toute tracée, et soumise à une surveillance des plus sévères. Ce fut là surtout ce qui tranquillisa le gouvernement quant à la possibilité de mettre à l'essai une ligne de fils télégraphiques.

Une ordonnance royale en date du 23 novembre 1844, ouvrit donc un crédit de 240 000 francs, pour établir, à titre d'essai, une ligne télégraphique sur la voie du chemin de fer de Paris à Rouen.

M. L. Bréguet fut chargé de diriger les travaux. Le 22 janvier 1845, les poteaux étaient plantés ; le 27 avril, cette ligne d'essai fonctionna jusqu'à Mantes, et le 18 mai des dépêches étaient échangées avec le plus grand succès entre Paris et Rouen.

Cette expérience jugeait suffisamment la question. Dans la session législative de 1846, le gouvernement présenta à la Chambre des députés un projet de loi relatif à un crédit extraordinaire de 408 650 francs pour l'établissement d'une ligne de télégraphie électrique de Paris à Lille.

M. Pouillet, rapporteur de ce projet de loi, le défendit avec peu de chaleur. Il redoutait la dépense de 7 millions, que devait exiger, selon lui, la substitution du télégraphe électrique au télégraphe aérien sur toutes les lignes en activité. Il faisait remarquer que l'adoption du télégraphe électrique rendrait difficile au gouvernement le maintien du monopole légal des communications télégraphiques. Sans se prononcer sur les avantages de ce changement de système, il trouvait qu'il était plus convenable d'attendre les expériences faites en d'autres pays pour se prononcer sur les avantages du télégraphe électrique.

La timidité du rapport de M. Pouillet, interprète fidèle des sentiments de la commission qui avait préparé le projet de loi, ne pouvait que maintenir la Chambre des députés dans ses demi-convictions. M. Mauguin regrettait l'abandon du système de télégraphie aérienne inventé par M. Gonon, et M. Berryer déclarait n'avoir qu'une foi très-médiocre dans l'avenir de la télégraphie électrique. La loi fut votée le 4 juin 1846 à une très-grande majorité ; mais il fut décidé en même temps que, par prudence, la ligne aérienne qui existait de Paris à Lille serait maintenue et continuerait son service.

La loi fut promulguée le 3 juillet 1846. Elle attribuait une somme de 489 650 francs à l'établissement d'une ligne allant de Paris à

Lille, avec un embranchement de Douai à Valenciennes,

Le système d'appareils qui fut adopté, se ressentait de l'extrême tiédeur du gouvernement ou de l'administration pour la télégraphie électrique. Dans la substitution progressive du nouveau système à l'ancien, on désirait faire suivre au fil électrique la direction des lignes existantes de télégraphie aérienne. C'est en obéissant à cette même pensée générale, et conformément à cet esprit de conduite, que le directeur des lignes télégraphiques, M. Alphonse Foy, exigea que l'appareil électrique ne servît qu'à exécuter les signaux du télégraphe aérien.

Demander à l'électricité le moyen de reproduire sur un petit appareil les signaux du télégraphe de Chappe, c'était poser un problème difficile au mécanicien chargé de le résoudre. Ce mécanicien c'était M. L. Bréguet, qui sut remplir avec bonheur les conditions posées par le programme de l'administration. M. L. Bréguet est le petit-fils du célèbre horloger Bréguet, dont les beaux travaux en horlogerie et dans la mécanique de précision ont rendu le nom célèbre. Lui-même, savant praticien et constructeur hors ligne, s'est fait connaître par plusieurs découvertes intéressantes en horlogerie, en mécanique et en télégraphie électrique. On lui doit la construction, faite avec M. Masson, de la première *machine d'induction* et surtout un télégraphe à cadran employé dans toutes les gares de chemins de fer, et dont nous aurons à parler dans un autre chapitre.

Fig. 55. — L. Bréguet.

M. L. Bréguet fut nommé le 17 octobre 1844, par M. Passy, ministre de l'intérieur, membre de la Commission qui devait faire sur le chemin de Rouen l'essai de la télégraphie électrique, et fut ensuite chargé de la direction et de l'installation de la ligne de Paris à Rouen. C'est à lui que furent confiées les expériences nécessaires, pour éclaircir le grand fait de l'emploi de la terre comme conducteur de retour. Enfin, comme nous venons de le dire, c'est à lui que M. Foy confia la tâche difficile d'exécuter un appareil qui reproduisît exactement les signaux du télégraphe aérien.

L'appareil *Foy-Bréguet*, tel est le nom que reçut le télégraphe à signaux qui fut adopté en France, était passible d'un grave reproche, il exigeait deux conducteurs, deux fils télégraphiques, au lieu d'un seul conducteur, d'un seul fil, qui suffit au télégraphe Morse et au télégraphe à cadran, qui fonctionnait déjà à Londres. Le télégraphe Foy-Bréguet exigeait l'emploi de deux conducteurs, parce qu'il fallait un fil conducteur pour chaque branche du télégraphe, ce qui doublait naturellement les dépenses d'installation et d'entretien. Mais, à part ce reproche, il faut reconnaître que M. Bréguet sut résoudre avec beaucoup d'élégance le problème mécanique de la reproduction des signaux de Chappe par l'électricité.

Cet appareil, comme nous le verrons plus loin, a été abandonné après sept à huit années d'usage ; mais sa construction était trop ingénieuse pour que nous le passions sous silence.

L'appareil se compose, comme tous les télégraphes électriques, d'un *manipulateur*, c'est-à-dire d'un instrument placé à la station du départ, destiné à fournir les signaux qui doivent se produire à la station opposée, et d'un *récepteur* placé à la station d'arrivée, destiné à exécuter les signaux. Nous suivrons l'inventeur de cet appareil dans la description qu'il a donnée de son télégraphe à signaux.

Récepteur. — Le récepteur est formé par la réunion de deux appareils symétriques et parfaitement indépendants l'un de l'autre.

La figure 53 représente l'appareil dans son ensemble, recouvert de sa boîte et vu de face. Les aiguilles indicatrices I tournent autour des points *i* ; ce sont les parties noires des aiguilles qui forment les signaux ; chacune d'elles peut prendre huit positions, à savoir : deux horizontales, l'une à droite, l'autre à gauche du centre, deux verticales et une à 45° dans chacun des angles formés par les lignes horizontales et verticales.

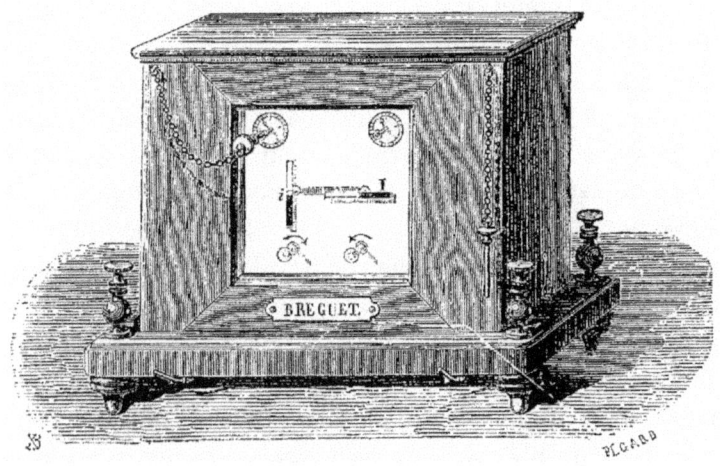

Fig. 53. — Télégraphe Foy-Bréguet à deux aiguilles (récepteur, vue extérieure).

À chacune des huit positions de l'un des indicateurs correspondent huit positions de l'autre, c'est-à-dire huit signaux : le nombre total des signaux de l'appareil est donc 8 fois 8, ou 64.

Dans la figure 54, l'appareil est vu par derrière et sans sa boîte.

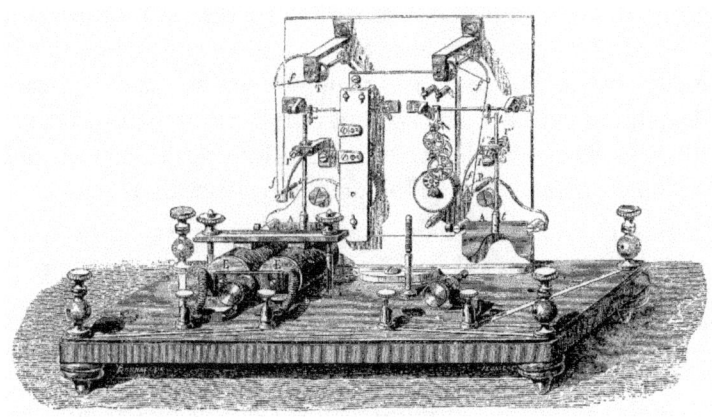

Fig. 54. — Récepteur du télégraphe Foy-Bréguet (vue

intérieure).

La partie gauche du dessin représente exactement l'une des moitiés du récepteur. Dans la partie droite, on a supprimé l'électro-aimant EE qui cachait l'armature A.

Voici le jeu des différentes pièces de cet instrument : *tt* est la tige de l'armature ; r, r′ sont les vis de réglage ; R, le ressort à boudin, dont la force peut être augmentée ou diminuée en tournant dans un sens ou dans l'autre, l'axe *aa* du tambour T, sur lequel s'enroule le fil de soie *f, f.*

La roue d'échappement, au lieu de treize dents, n'en a que quatre, qui produisent les huit positions de l'aiguille.

À chaque établissement ou interruption du courant, l'armature A bascule, l'échappement a lieu, la roue avance d'une demi-dent et l'aiguille de 45°.

Il importe de noter que les deux rouages du récepteur sont disposés de manière à faire tourner les aiguilles en sens inverse l'une de l'autre, celle de gauche (fig. 53) marche dans le sens des aiguilles d'une montre, celle de droite en sens contraire.

Manipulateur. — Le manipulateur est composé, comme le récepteur, de deux parties symétriques indépendantes l'une de l'autre, mises chacune en relation avec une des parties du récepteur par un fil particulier.

La figure 55 représente l'une de ces parties.

La manivelle M entraîne l'axe sur lequel elle est montée, et avec lui, la roue à rainure sinueuse S. La roue D, appelée diviseur, est fixe; elle porte huit crans placés régulièrement sur sa circonférence, dans lesquels peut entrer une dent portée par la manivelle, ce qui permet de donner facilement à celle-ci huit positions exactement correspondantes à celles de l'aiguille indicatrice du récepteur.

Un ressort *r* encastré dans la manivelle, la maintient appuyée contre le diviseur, dans la position qu'on lui donne à la main.

Pour travailler avec l'instrument, pour exécuter les signaux du télégraphe aérien en miniature que porte l'appareil à l'extérieur, on saisit les deux manches des manivelles, un de chaque main, on les tire à soi pour vaincre l'effort du ressort *r* et faire sortir les dents des crans des diviseurs ; on les tourne toutes les deux à la fois, chacune dans le sens que nous avons indiqué pour l'aiguille correspondante du récepteur, et on les amène jusqu'aux positions qu'elles doivent occuper pour former le nouveau signal qu'on veut transmettre. Il arrive souvent, comme il est facile de le comprendre, que pour passer d'un signal au suivant on n'a besoin de mouvoir qu'une seule manivelle.

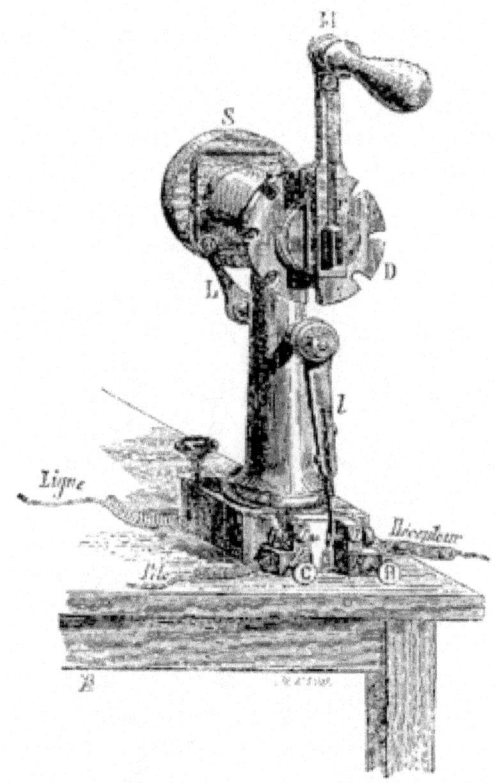

Fig. 55. — Manipulateur du télégraphe Foy-Bréguet.

La figure 55 montre comment le levier *l* et le levier L, qui sont portés par le même axe, reçoivent de la roue sinueuse un mouvement de va-et-vient, qui amène le ressort inférieur successivement en contact avec les deux pièces *p* et *p'*. Ces deux pièces sont isolées par un morceau d'ivoire de la masse métallique de l'appareil, et les fils de la pile et du récepteur y viennent aboutir comme l'indique la figure.

Le fil de la ligne, au contraire, est mis en communication avec la masse métallique de l'appareil.

Chaque contact entre le ressort du levier *l*, et le bouton C de la pile, amène donc l'envoi du courant sur la ligne, et chaque cessation du contact entre ces deux pièces amène l'interruption du courant ; d'où il résulte deux mouvements successifs de l'armature correspondante du récepteur, et deux mouvements de l'aiguille semblables à ceux de la manivelle. On comprend comment se maintient l'accord de position de l'aiguille et de la manivelle et comment peuvent se transmettre du manipulateur au récepteur les soixante-quatre signaux, que peut exécuter l'instrument. Le bouton R sert à la réception ; le courant arrivant de la ligne entre dans la masse métallique du manipulateur et (quand l'appareil est dans la position du repos) par le ressort du levier *l* dans le bouton R, d'où il est conduit au récepteur.[1]

Ce télégraphe fonctionnait avec une rapidité merveilleuse. On pouvait exécuter deux cents signaux par minute, ou, pour mieux dire, il n'y avait d'autre limite à leur expédition que la dextérité de l'employé.

Malgré ces dispositions ingénieuses au point de vue mécanique, le *télégraphe à signaux*, le télégraphe *Foy-Bréguet*, ne pouvait être que d'un emploi transitoire. Outre l'inconvénient d'exiger deux fils au lieu d'un seul, il limitait le développement de la télégraphie, en l'enchaînant au vieux système du vocabulaire de Chappe. Il ne laissait aucune trace matérielle des signaux, et ne permettait ainsi aucun contrôle. Il était spécial à la France et ne pouvait servir à établir la continuité des communications entre la France et l'étranger, qui fait usage d'autres systèmes. Il ne pouvait donc aspirer qu'à servir de transition entre les deux modes de télégraphie. Cette transition effectuée, et quand la télégraphie électrique eut pris en France une certaine extension et une certaine importance, il fallut supprimer le télégraphe à signaux.

La révolution de Février avait placé M. Flocon à la tête de la télégraphie française, en remplacement de M. Alphonse Foy. Au

1 Bréguet, *Manuel de télégraphie électrique*, 4ᵉ édition. Paris, 1862, p. 131-137.

mois de novembre 1849, M. Alphonse Foy reprenait sa place, comme directeur de l'administration des télégraphes. Il conserva ces fonctions jusqu'au mois d'octobre 1853, époque à laquelle il fut remplacé par M. de Vougy.

Le télégraphe à signaux suivit M. Alphonse Foy dans sa retraite. Un décret du 11 juin 1854, qui introduisait divers changements dans l'organisation générale de l'administration des télégraphes, fit connaître officiellement la nécessité d'apporter au matériel du service des améliorations, reconnues indispensables. À la suite de ce décret, l'abandon des appareils *Foy-Bréguet*fut décidé.

Quel est le système nouveau que la télégraphie française adopta, après un examen approfondi de tous les appareils de ce genre ? Ce fut le télégraphe américain, l'appareil Morse.

Les considérations qui motivèrent, de la part de l'administration française, le choix du système Morse, étaient parfaitement fondées. En premier lieu, ce système tend à être adopté universellement. Il règne aux États-Unis et dans les autres parties de l'Amérique où a pénétré la nouvelle télégraphie. En Europe, il fonctionne dans l'Allemagne, la Belgique et la Suisse. Or, il importe au plus haut degré, pour faciliter la transmission des dépêches internationales, que les divers États européens s'accordent à faire usage d'un même appareil télégraphique. C'était donc déjà obéir à une sage pensée que d'adopter un système qui réunissait en sa faveur le suffrage des principaux États de l'Europe.

On peut ajouter, comme considérations d'ordre secondaire, qui ont motivé l'adoption de l'appareil américain, l'avantage précieux qu'il présente, de transmettre l'électricité à des distances très-considérables, sans aucune interruption dans le fil conducteur ; condition que ne remplissent point tous les systèmes rivaux. Un dernier avantage de l'appareil Morse, c'est qu'il a pour résultat de laisser une impression matérielle de nature à être conservée. Comme l'instrument transcrit lui-même sur le papier la dépêche envoyée par le correspondant, on peut conserver le texte authentique du message, et, si une erreur s'est glissée dans la traduction ou la transmission d'une dépêche, reconnaître celui des employés qui a commis l'erreur.

C'est le 1er mars 1851 que le télégraphe électrique fut mis, en

France, à la disposition du public et que les premiers bureaux furent ouverts à Paris ainsi que dans plusieurs villes des départements.

Un bureau de télégraphie électrique se compose d'une pièce divisée en deux parties par une cloison grillée et vitrée ; derrière ce vitrage, deux employés attendent le public. L'un d'eux vous présente une feuille de papier blanc sur laquelle vous inscrivez, en termes aussi laconiques que possible, votre missive, que vous signez et dont vous acquittez le prix. La dépêche est ensuite portée dans la pièce suivante, où se trouvent les appareils télégraphiques, et transmise immédiatement à sa destination.

Gomme il était facile de le prévoir, l'usage de la télégraphie privée a pris, en France, une extension rapide. Les chiffres suivants représentent saprogression depuis son établissement en 1851. Dans les deux derniers mois de 1851, on transmit 9 014 dépêches privées. En 1852, ce nombre s'éleva à 48 105 ; sur ce dernier nombre, les dépêches envoyées de Paris étaient de 19 425. En 1856, le nombre total des dépêches expédiées fut de 360 000 ; en 1857, de 413 000 ; en 1858, de 463 000. Le produit des dépêches, qui n'était que de 1 500 000 francs, en 1853, s'est élevé à 3 333 000 francs en 1857, et à 3 516 000 francs en 1858.

Sans reproduire tous les chiffres progressifs de l'augmentation de ce service, depuis 1858 jusqu'à ce jour, nous dirons que dans les dix premiers mois de 1866, les dépêches expédiées tant à l'intérieur de la France qu'en pays étrangers, ont été au nombre de 2 367 991, et ont fourni à l'Etat une recette de plus de six millions (6 471 866).

À partir du 1er janvier 1862, le prix d'une dépêche télégraphique a été fixé à 1 franc pour les dépêches de vingt mots échangés entre deux bureaux d'une même ville ou d'un même département, et à 2 francs pour les dépêches échangées entre deux départements différents.

Depuis le 1er janvier 1866, le prix d'une dépêche de vingt mots, à l'intérieur de Paris, n'est que de 50 centimes.

Le nombre des bureaux télégraphiques qui existaient en France au 1erjanvier 1867, est de plus de deux mille (2 136), et le nombre des employés de la télégraphie, y compris les porteurs, de 4 739.

Les bureaux ouverts à Paris sont au nombre de 46. Le tableau suivant fait connaître, dans les vingt arrondissements de Paris, l'adresse des bureaux télégraphiques.

1er arr.		Hôtel du Louvre, rue de Rivoli, 166.
		Hôtel des Postes, rue J.-J. Rousseau.
		Place Vendôme, 15.
2e —		Place de la Bourse, 12.
		Rue aux Ours, 32.
3e —		Boulevard du Temple, 41.
		Rue des Vieilles-Haudriettes, 6.
4e —			Hôtel-de-Ville, rue de Riyoli.
5e —		Halle aux vins, place Saint-Victor, 24.
		Place Saint-Michel, 6.
		Halle aux cuirs.
6e —		Palais du Sénat, rue de Vaugirard.
		Rue des Saints-Pères, 31.
7e —		Rue de Grenelle-Saint-Germain, 103.
		Corps législatif, rue de l'Université.
		École Militaire(pavillon de l'Artillerie).
		Magasin central des télégraphes, rue Bertrand, 24.
8e —		Avenue des Champs-Élysées, 67.
		Boulevard Malesherbes, 4.
		Rue Saint-Lazare, 126 (place du Havre).
		Rue Boissy-d'Anglas.
9e —		Grand-Hôtel, boulevard des Capucines.
		RueLafayette, 35 (angle de la r. Laffitte).
		Rue Sainte-Cécile, 2.
10e —		Boulevard Saint-Denis, 16.
		Rue de Strasbourg, 8.
		Gare du Nord, r. de Dunkerque, 18 et 20.
11e —		Boulevard du Prince-Eugène, 134.
		Pl. du Trône, boul. du Pr.-Eugène, 283.
12e arr.		Bercy, rue de Mâcon, 2.
		Rue de Lyon, 57 et 59.

13ᵉ —		Gare d'Orléans, rue de la Gare, 77.
		Gobelins, route d'Italie, 6.
14ᵉ —		Montrouge, route d'Orléans, 8.
15ᵉ —		Vaugirard, Grande-Rue, 98.
		Grenelle, rue du Théâtre, 70.
16ᵉ —		Auteui), Grande-Rue, 10.
		Passy, place de la Mairie, 4.
17ᵉ —		Parc Monceaux, 108.
		Batignolles (boul. des), 22.
		— avenue de Clichy, 73.
		Ternes, av. de la Grande-Armée,80.
18ᵉ —		Montmartre, boul. Rochechouart, 48.
		La Chapelle, Grande-Rue, 102.
19ᵉ —		La Villette, rue de Flandre, 43.
20ᵉ —		Belleville, rue de Paris, 58.

Tous ces postes sont reliés à la *station centrale des télégraphes*.

Cette *station centrale des télégraphes*, située dans le vaste hôtel de la rue de Grenelle-Saint-Germain, qu'occupait naguère le Ministère de l'Intérieur, et qu'elle remplit presque en entier, est une des curiosités de Paris ; aussi en donnerons-nous la description.

Pour visiter avec méthode le *poste central des télégraphes*, il faut commencer par jeter un coup d'œil dans la *chambre des piles*. C'est au rez-de-chaussée, sous la voûte, à gauche de la grande entrée de l'hôtel, et donnant sur la rue, que se trouve cette pièce, de dimensions assez ordinaires. Au milieu est une grande table, à deux étages, tout remplis d'éléments de piles. Le long des murs règne une triple rangée de tablettes, portant aussi des éléments de piles. Ces éléments ne sont pas de grande dimension, mais leur nombre n'est pas moindre de quatre mille.

La pile qui a été longtemps employée dans la télégraphie française, était celle de Daniell, à sulfate de cuivre. Aujourd'hui on se sert de la pile à sulfate de mercure, inventée par M. Marié Davy, qui fournit un dégagement constant d'électricité, sans qu'il soit nécessaire d'y toucher pendant dix mois. Chaque élément, qui ne diffère point, par sa forme, d'un élément de Bunsen, est pourvu d'un conducteur de charbon et d'un pôle de zinc ; seulement, au lieu d'acide, il y a, dans un godet, du sulfate de mercure solide recouvert d'eau ; et dans l'autre godet, de l'eau salée : la lente réduction du sel de mercure produit le dégagement de l'électricité.

Au-dessus de la table, règne une longue tringle de cuivre. C'est le conducteur commun auquel aboutissent la moitié des fils, et qui établit leur communication avec la terre. À cet effet, la tringle de cuivre se prolonge au delà de la salle, et va se perdre dans l'eau courante du puits de l'hôtel, en se terminant en ce point, par une large plaque de cuivre.

Un certain nombre d'éléments de la pile, réunis entre eux, desservent chaque ligne particulière.

Pour cela, au conducteur positif (zinc) du premier élément de cette réunion, est soudé un fil de cuivre qui, mis en communication avec la tringle de cuivre, dont il vient d'être question, va se perdre dans la terre, ce qui permet de supprimer, suivant la grande découverte de M. Steinheil, les fils de retour du circuit voltaïque, en prenant la terre elle-même pour complément du circuit. Au conducteur négatif, c'est-à-dire au charbon du dernier élément de ce même groupe, est fixé un autre conducteur, qui se rend dans la *salle des fils* et dans la *salle des instruments*, et de là à la ville qu'il doit mettre en communication avec Paris. Un de ces fils a plus de 200 lieues de longueur ; il se rend à Marseille ; un autre va à Berlin, à une distance de 300 lieues. Chaque fil porte une petite plaque d'ivoire, indiquant sa destination.

En sortant de la *chambre des piles*, les fils conducteurs se réunissent tous dans une petite pièce bien éclairée, située au premier étage, et qui se nomme la *chambre des fils*. Ils sont tendus verticalement, le long des deux murs de la pièce, et portent chacun, une petite plaque d'ivoire indiquant son parcours. Ainsi tendus contre les murs, ils ressemblent à autant de portées de musique, ou à un écheveau de fil emmêlé. Seulement, jamais portée de musique, jamais écheveau de fil, ne furent plus embrouillés. Il paraît que le surveillant attaché à cette salle, s'y reconnaît parfaitement, et met la main, du premier coup, sur le fil qu'il recherche. Je lui en fais mon compliment.

Montons encore un étage et nous voici arrivés aux appareils

télégraphiques. Ils sont installés dans une série de salles consécutives, qui ne sont autre chose que les anciens bureaux du ministère de l'intérieur et qui occupent la plus grande partie du second étage de l'hôtel. Dans les premières chambres sont les appareils destinés au service de Paris ; dans les suivantes, sont les appareils en correspondance avec les départements et l'étranger.

Fig. 56. — Une des salles des instruments à la station centrale des télégraphes de Paris.

La figure 56 représente l'une des principales salles destinée à la correspondance avec les départements et dans laquelle sont réunis des appareils Morse. Les fils conducteurs qui partent de ces instruments et qui y aboutissent, ne sont pas apparents à l'intérieur : ils sont placés sous le parquet.

Deux cents lignes télégraphiques partent du poste central, pour aller porter, aux extrémités de l'Europe, leurs vibrations instantanées ; 117 de ces lignes appartiennent à la province ou à l'étranger, 83 à Paris.

Pour mettre en action cet immense réseau, environ 170 instruments télégraphiques sont rassemblés dans les diverses salles du poste central. Ce sont des appareils Morse, qui tracent la dépêche à l'encre en caractères d'un alphabet conventionnel, et des appareils Hughes, qui, par un prodige de mécanique, vont tracer les dépêches en lettres d'imprimerie sur une bande de papier. Dans les salles destinées au service des départements et de l'étranger, il y a 25 appareils Hughes et 45 appareils Morse. La même proportion existe pour les appareils distribués dans les salles de Paris, ce qui donne un total de 140 instruments ; et comme il faut toujours des instruments de rechange, pour les cas de dérangement, il en résulte que le total des appareils réunis dans ces salles, est comme nous venons de le dire, de 170 environ.

Dans ces nombreuses salles, plus de cent employés, dans un silence absolu, sont occupés, du matin au soir, à pousser le levier élastique du manipulateur du télégraphe Morse, ou à promener leurs doigts rapides sur le clavier, pareil à celui d'un piano, du télégraphe imprimant de Hughes. On n'entend d'autre bruit que les coups secs et cadencés, que produit le choc des pièces métalliques de tous les instruments en jeu.

Un écriteau placé au-dessus du bureau de chaque employé, porte le nom de la ville qui forme la dernière station aboutissant à ce fil.

Outre l'appareil Morse, qui trace la dépêche à l'encre par une série de points formant un alphabet de convention, et l'appareil Hughes, qui inscrit la dépêche en lettres d'imprimerie, appareils dont nous aurons à donner la description dans le chapitre suivant, on se sert sur la ligne de Paris à Lyon, du *pantélégraphe* de M. l'abbé Caselli qui, par une dernière merveille, reproduit les dessins, l'écriture, ou tout signe quelconque fait à la main, appareil remarquable dont nous aurons également à donner plus loin la description et la figure. Le *pantélégraphe* fonctionne au poste central des télégraphes ; mais comme il est d'un emploi exceptionnel, il n'est point placé dans les salles des instruments, que nous venons de décrire. Il est installé au rez-de-chaussée, dans la partie de l'hôtel qui formait autrefois à elle seule le poste central.

Dans cette partie du rez-de-chaussée, quatre pièces, de dimensions diverses, sont affectées au service télégraphique. L'une de ces pièces est un laboratoire ; une autre, un cabinet de physique, qui sert à la fois pour les cours à l'usage des employés, pour les expériences des nouveaux appareils, pour l'essai des instruments livrés par les fabricants, enfin pour exercer les débutants dans l'art télégraphique. C'est dans la quatrième pièce que se trouve installé le *pantélégraphe Caselli*. Il y a deux appareils, l'un pour le service du public sur la ligne de Paris à Lyon, l'autre pour servir d'expérience et d'étude.

En sortant de la *salle des instruments*, les fils conducteurs se rendent chacun à la ligne ou à la ville qu'ils doivent desservir. Mais il faut d'abord traverser Paris. Pendant longtemps, on a vu dans les rues de la capitale, une immense quantité de fils télégraphiques, qui, placés le long des rues, suivaient le parcours qui s'étend de la rue de Grenelle-Saint-Germain jusqu'aux gares de chemins de fer. Mais les lignes devenant tous les jours plus nombreuses, il a fallu renoncer à ce système. Aujourd'hui la traversée de Paris par les fils télégraphiques se fait souterrainement, et l'œil n'est plus arrêté dans l'intérieur de la capitale, par la vue de ces innombrables conducteurs qui rayaient le ciel.

La plus grande partie du parcours souterrain des fils télégraphique suit la voie des égouts.

Les fils destinés à prendre cette route, sont disposés d'une manière particulière. Comme ils pourraient s'altérer, s'oxyder par l'action des gaz, qui s'exhalent à l'intérieur des égouts, on les renforce beaucoup dans ce trajet. Au lieu d'un seul fil de cuivre, on en prend quatre, que l'on tresse ensemble : la conductibilité est ainsi mieux assurée, car si un ou deux fils viennent à mal fonctionner, les deux autres continuent de donner passage au courant.

Cette tresse métallique, qui représente un seul fil de ligne, est recouverte de gutta-percha. On réunit tous les fils ainsi emmaillottés, et on les suspend à la voûte des égouts, en les renfermant dans un tube de plomb. Ils sont là parfaitement à l'abri de la malveillance, et ils peuvent être aisément visités et réparés, s'il y a lieu.

Une autre partie des fils du réseau souterrain suit les catacombes :

ils sont alors contenus dans des conduites de zinc. D'autres fois, ils sont enfouis dans la terre, pendant une partie du trajet.

Le système de protection employé par M. Baron, l'habile organisateur de la télégraphie souterraine en France, consiste à environner les fils qui doivent être placés sous terre et non dans les égouts, d'un ruban d'étoffe goudronné, et à les placer dans des tuyaux de fonte, qui peuvent s'ouvrir facilement, dans le cas très-rare où des réparations sont nécessaires.

Telles sont les dispositions de cet admirable *poste central des télégraphes*, qui serait, pour les étrangers et les amateurs, la visite la plus curieuse et la plus intéressante, si l'entrée n'en était pas rigoureusement interdite au public, par des motifs faciles à comprendre. Visiter le *poste central des télégraphes* de Paris est un plaisir d'ambassadeur, ou bien une faveur accordée à quelques savants, par la bienveillance hospitalière du directeur, M. de Vougy. C'est grâce à cette circonstance que nous avons pu donner à nos lecteurs la description qui précède.

CHAPITRE VI

LA TÉLÉGRAPHIE ÉLECTRIQUE, EN BELGIQUE, EN HOLLANDE, EN ALLEMAGNE, EN SUISSE, EN ITALIE, EN ESPAGNE, EN RUSSIE, ET DANS L'ORIENT.

La télégraphie électrique existe aujourd'hui dans le monde entier. Elle a pénétré partout, et bientôt tout notre globe ne sera, pour ainsi dire, qu'une immense bobine électro-magnétique, composée de milliers de fils traversés par un courant incessant de fluide électrique. Nous ne pouvons donc songer à donner ici le tableau qui, d'ailleurs, change d'un jour à l'autre, de l'état de la télégraphie électrique dans les diverses contrées des deux mondes. Nous ne voulons qu'indiquer sommairement l'ordre successif dans lequel les principales nations de notre continent ont établi sur leur territoire, la merveilleuse invention d'Ampère.

La télégraphie électrique a fonctionné, avons-nous dit, en Amérique pour la première fois, en 1844. Nous ne parlons ici que de l'établissement d'un fil électrique reliant deux villes l'une à l'autre, et servant à une correspondance régulière entre ces villes.

C'est ainsi, il nous semble, qu'il faut préciser la question. Il faudrait sans cela considérer comme les premières lignes de télégraphie électrique, le fil conducteur, que le physicien Steinheil avait tendu de Munich à son observatoire situé dans un des faubourgs de la ville ; ou bien le fil électrique que M. Wheatstone établit en Angleterre en 1838, sur le chemin du Great-Western, pour essayer d'appliquer cet instrument au service des rail-ways. Mais comme on ne peut parler ici que d'un véritable service de correspondance télégraphique, et non d'appareils de tâtonnements ou d'essais, il faut reconnaître que c'est à l'Amérique et à Samuel Morse, qu'appartient l'honneur d'avoir inauguré, pour la première fois, une ligne régulière de correspondance télégraphique entre deux villes éloignées et destinée à un service public.

Ce fut en 1843, avec l'aide de MM. Francis Smith et Alfred Vail, que M. Morse construisit la ligne de Washington à Baltimore. La première dépêche transmise entre ces deux villes, porte la date du 26 mai 1844.

L'Angleterre suivit de très-près l'exemple de l'Amérique, puisqu'en 1844, une ligne créée par MM. Wheatstone et Cooke, et destinée au service public, fonctionnait entre Londres et les stations du Great-Western.

En 1846, comme on l'a vu, la télégraphie électrique fonctionnait également en France, sur le parcours de Paris à Lille.

En Belgique, la télégraphie électrique date de l'année 1846. La première ligne (de Bruxelles à Anvers) fut ouverte le 7 septembre 1846. On y faisait usage du télégraphe à aiguille de MM. Wheatstone et Cooke. Mais cette ligne fonctionnait mal, et ce n'est qu'au bout de dix ans, lorsque le gouvernement belge s'attribua le monopole de ce service, que les lignes furent construites avec activité. Le réseau belge se composait, en 1862, de 2 000 kilomètres de lignes, comprenant plus de 5 000 kilomètres de fils. Le système Morse est celui qui prédomine en Belgique.

La Hollande avait précédé de quelques mois la Belgique dans cette voie ; car sa première ligne (d'Amsterdam à Rotterdam) fut ouverte le 29 décembre 1845. Ce n'est toutefois qu'en 1852, qu'une loi prescrivit la création d'un réseau télégraphique.

La première ligne allemande fut installée dans le duché de

Hesse, entre Mayence et Francfort. Le succès de cette ligne éveilla l'attention du gouvernement prussien, qui mit à profit le nouveau procédé télégraphique pour relier le palais de Berlin avec celui de Potsdam. En 1850, le réseau télégraphique de la Prusse était de plus de 600 lieues, et sa longueur presque double de celle du réseau français. Voici la liste des principales lignes qui se trouvaient établies en Prusse au mois de juin 1850 :

1° De Berlin à Francfort, 180 lieues ;

2° De Berlin par Cologne à Aix-la-Chapelle, par Potsdam, Magdebourg, Ochers-Leben, Brunswick, Hanovre, Minden, Hamm, Dusseldorf, Deutz, Cologne et Aix-la-Chapelle, 190 lieues ;

3° De Dusseldorf à Elberfeld, 8 lieues ;

4° De Berlin à Hambourg, par Wittemberg, Haguenau, Hambourg, 76 lieues ;

5° De Berlin à Stettin, 36 lieues ;

6° De Berlin à Oderberg (ville frontière de l'Autriche), par Francfort, Liegnitz, Breslau, Oppeln, Kosel, Ratibor et Oderberg, 144 lieues ;

7° De Halle à Leipzig et de Leipzig à Berlin et Francfort, 200 lieues ;

8° De Berlin à Kœnigsberg, communiquant avec Stettin et Swinemunde.

Le système qui fut à cette époque, adopté en Prusse, était le télégraphe à cadran et à vocabulaire alphabétique, assez heureusement modifié par M. Siemens de Berlin. La plus grande partie des fils était enfermée sous le sol, le reste était disposé sur le bord des grandes routes.

L'Autriche était en 1855, en possession des lignes suivantes ;

1° De Vienne à Prague par Olmütz, 122 lieues ;

2° De Vienne à Brünn, par Prague, 108 lieues ;

3° De Vienne à Presbourg, 18 lieues ;

4° De Vienne à Oderberg, par Prévau, 75 lieues ;

5° De Vienne à Trieste, par Bruck, Cilli et Laybach, 146 lieues ;

6° De Vienne à Salzbourg, par Linz, et communiquant avec les lignes télégraphiques de Bavière, 80 lieues ;

7° De Prague aux frontières de Saxe, et des frontières à Dresde ;

8° D'Oderberg à Cracovie ; de Salzbourg à Inspruck ; d'Inspruck à Bregenz ; d'Inspruck à Botsen ; de Steinbruck à Agram.

Les lignes établies en Saxe à la même époque, étaient :

1° De Leipzig à Hof, 48 lieues ;

2° De Leipzig à Dresde, 32 lieues ;

3° De Dresde à Kœnigstein, 8 lieues ;

4° De Dresde aux frontières de la Bohême, 14 lieues ;

5° De Dresde à Hof, 48 lieues.

Les lignes de la Bavière à la même époque, sont établies :

1° De Munich à Salzbourg, 38 lieues ;

2° De Munich à Augsbourg, 16 lieues ;

3° D'Augsbourg à Hof, par Nurenberg et Bamberg, 100 lieues ;

4° De Bamberg à Francfort, par Wurzbourg et Aschaffenbourg, 64 lieues.

L'Allemagne avait encore à la même époque, quelques autres lignes : celles de Manheim à Bâle, d'Aix-la-Chapelle aux frontières de la Belgique ; de Hambourg à Cuxhaven, et de Brème à Bremerhaven.

Les conditions libérales accordées aux États-Unis pour l'exploitation du télégraphe électrique, n'ont pas été imitées en Allemagne. En Prusse et en Autriche, ce moyen de correspondance est la propriété exclusive et le privilège de l'Etat ; cependant le gouvernement le met, sous son contrôle et sous sa surveillance, à la disposition du public.

L'Italie n'est pas restée en arrière des autres nations de l'Europe, dans l'adoption du nouveau moyen de correspondance. Les premières lignes électriques furent installées, en Toscane, en 1847, sous la direction du savant physicien Matteucci. N'embrassant qu'une étendue d'environ 60 lieues, elles allaient de Florence à Livourne et à Patro, d'Empoli à Sienne et de Pise à Lucques.

La ligne de Gênes à Turin fut ouverte le 9 mars 1854, par les soins de M. Bonelli, directeur des télégraphes sardes. En 1861, le réseau italien se composait de 6 896 kilomètres de lignes, mais il ne dépassait guère les États du nord. Depuis l'unité italienne, la télégraphie électrique s'est étendue dans toute l'Italie méridionale. Ce sont les appareils Morse, qui sont employés d'une manière presque exclusive.

L'établissement de la télégraphie en Suisse date de 1852. Dix ans après, il y avait près de 3 000 kilomètres de fils. On se sert en Suisse de l'appareil Morse.

Ce n'est qu'en 1854 que l'Espagne, nation retardataire, établit, à titre d'essai, deux lignes électriques entre Madrid et Yrun ; le 8 novembre de la même année, le discours de la reine d'Espagne franchissait les Pyrénées par cette voie nouvelle. Le premier appareil employé en Espagne, fut l'aiguille aimantée de MM. Wheatstone et Cooke ; mais on ne tarda pas à la remplacer par le système Morse.

La première ligne russe a été ouverte en 1850, entre Tiflis et Borsom (Caucase). À mesure que les chemins de fer s'établissaient en Russie, les lignes télégraphiques les escortaient, et aujourd'hui ce mode de correspondance ne laisse rien à désirer dans le vaste empire du czar.

C'est à la Russie qu'appartient l'entreprise audacieuse, réalisée aujourd'hui, de la ligne télégraphique qui va du centre de la Russie à l'intérieur de la Chine. Cette longue ligne télégraphique, partant de Moscou, passe par Perm, à la frontière de la Sibérie, au 53° de latitude nord, traverse les monts Ourals, passe à Ekaterinburg, Toumain, Omsk, Tomsk, Krasnoyarsk, Irkoutsk, capitale de la Sibérie orientale, et Kiakhtha ; là elle traverse les monts Yablanovoi jusqu'à Cheta et arrive à Netschmisk et à Gurstrelka, point situé à 240 lieues de Moscou.

Une ligne télégraphique, résultat merveilleux, met aujourd'hui l'Angleterre en correspondance instantanée avec ses possessions dans l'Inde ! C'est en 1865, que cette ligne immense fut terminée. Elle passe par Belgrade, Bassorah, Bagdad, le golfe Persique, Kurrachee et Calcutta. À partir de Calcutta, un réseau multiple met toutes les villes de l'Inde anglaise en communication avec la grande artère qui s'étend de Calcutta à Londres. Le négociant de la cité de Londres peut donc être informé en moins de 12 heures, de ce qui l'intéresse à Bombay ou à Delhi !

Seulement l'installation des poteaux télégraphiques a exigé des soins particuliers pour les préserver des ravages des insectes, qui, dans ce pays, dévorent les bois secs avec une promptitude étonnante. Les poteaux sont faits d'une matière presque indestructible, le bois de fer d'Aracan. Ils ne sont pas simplement plantés dans le sol, mais dans une douille de fer encastrée dans une pierre. Il faut donner à ces poteaux une hauteur de 17 mètres au-dessus du sol, pour qu'un éléphant, avec sa charge, puisse toujours passer par-dessous. Les simples fils de cuivre qui nous suffisent en Europe, ont dû être remplacés, dans l'Inde, par de petites tringles de fer de 8 millimètres de diamètre, grosseur indispensable à cause de messieurs les singes, qui, au fond des forêts et même non loin des villes, s'y suspendent par les mains, par les pieds et par la queue, et ébranlent ainsi tout le système par leur gymnastique désordonnée.

Nous ne parlerons point de l'état de la télégraphie électrique dans le reste de l'Orient, dans la Turquie d'Asie, l'Arabie, la Perse, le Tibet, etc., etc. Comme nous l'avons déjà dit, au début de ce chapitre, donner le dénombrement des lignes télégraphiques sur notre continent serait une tâche impossible. Cette merveilleuse invention couvre aujourd'hui le globe entier, et nous verrons bientôt que l'immensité des mers ne lui a pas opposé un obstacle.

Quelles merveilles n'a pas enfantées la science de l'homme ! Nous ne retraçons, dans cet ouvrage, qu'une esquisse légère des productions de son génie !

CHAPITRE VII

DESCRIPTION DES APPAREILS EN USAGE DANS LA TÉLÉGRAPHIE ÉLECTRIQUE. — L'APPAREIL MORSE À POINTE SÈCHE : MANIPULATEUR, RÉCEPTEUR, RELAIS. — L'APPAREIL MORSE IMPRIMANT LES DÉPÊCHES À L'ENCRE : SYSTÈME DIGNEY, SYSTÈME JOHN. — ALPHABET DU TÉLÉGRAPHE MORSE. — L'APPAREIL HUGHES ET SES MERVEILLEUX RÉSULTATS. — LE TÉLÉGRAPHE À CADRAN POUR L'USAGE DES CHEMINS DE FER. — LE TÉLÉGRAPHE TYPOGRAPHIQUE DE M. BONELLI ET LE TÉLÉGRAPHE ÉLECTRO-CHIMIQUE DE M. BAIN. — LE PANTÉLÉGRAPHE OU TÉLÉGRAPHE DESSINATEUR DE L'ABBÉ CASELLI.

L'ordre historique que nous avons adopté, dans la première partie de cette notice, nous a forcé de ne signaler que très-brièvement les principaux appareils, qui servent à la correspondance télégraphique. Le moment est venu d'aborder la partie descriptive et technique, c'est-à-dire d'exposer avec quelques détails le mécanisme de ces appareils.

Il existe une infinité d'instruments qui réalisent, dans d'excellentes conditions, l'application de l'électricité au jeu des télégraphes. Ne pouvant songer à les décrire tous, nous nous attacherons seulement à ceux qui sont d'un usage pratique et journalier, à ceux qui ont été adoptés et qui fonctionnent aujourd'hui chez les différentes nations des deux mondes.

Les télégraphes électriques le plus généralement en usage, sont :

1° L'*appareil anglais à deux aiguilles aimantées* de MM. Wheatstone et Cooke, qui fonctionne en Angleterre seulement ;

2° Le *télégraphe Morse*, employé aujourd'hui dans toute l'Europe, dans la plus grande partie de l'Amérique et de l'Asie ;

3° Le *télégraphe Hughes*, d'invention plus récente, mais qui, ayant réalisé un progrès immense et inattendu, en exécutant deux fois plus de signaux que le télégraphe Morse, commence à être employé partout, concurremment avec ce dernier appareil ;

4° Le *télégraphe à cadran*, qui, après avoir été employé dans les débuts de la télégraphie sur plusieurs lignes, en Angleterre et en Belgique, est limité aujourd'hui à l'usage de l'exploitation des chemins de fer, et qui fonctionne sur presque toutes nos voies ferrées, pour la transmission des ordres du service ;

5° Le *télégraphe électro-chimique de Bain*, qui fut employé en Amérique au début de la télégraphie ;

6° Le *télégraphe typographique de M. Bonelli*, qui a été adopté en Angleterre sur la ligne de Liverpool à Manchester ;

7° Le *pantélégraphe de M. Caselli*, qui reproduit les signes de l'écriture et du dessin, mais qui ne fonctionne qu'en France de Paris à Lyon, et bientôt de Lyon à Marseille.

Nous avons décrit avec des détails suffisants le premier de ces appareils, c'est-à-dire le *télégraphe anglais à deux aiguilles aimantées*. Nous n'y reviendrons pas, et nous passerons tout de suite à l'examen des autres instruments énumérés ci-dessus.

Télégraphe Morse. — Nous avons déjà exposé les principes sur lesquels repose le *télégraphe électro-magnétique* de Morse ; il suffira de deux figures pour faire comprendre les dispositions actuelles de cet appareil.

La figure 57 représente le *récepteur* de l'appareil Morse. Dans la cage PP, est un mouvement d'horlogerie, marchant au moyen d'un ressort que l'on tend au moyen d'une clef D, quand on veut faire dérouler la bande de papier tournant. Ce ressort étant tendu, et le mouvement d'horlogerie étant mis en action par ce ressort à l'intérieur de la caisse, il fait dérouler et attire d'une manière régulière et continue la bande de papier C, disposée à l'intérieur de la roue de bois J. Cette bande de papier vient passer dans un premier guide *g*, ensuite dans le guide G, qui a la forme d'une bobine vide. Il passe, de là, sur le rouleau ou cylindre N. Ce cylindre N tourne sur son axe, par l'action du mouvement d'horlogerie contenu à l'intérieur de la caisse. C'est en ce point que le papier est frappé par les coups saccadés de la tige *ll'*, et qu'il reçoit les marques et les impressions, qui constituent les signaux de l'alphabet Morse.

Comme nous l'avons déjà expliqué, la tige *ll'* vient piquer le papier tournant, parce qu'elle est attachée à l'extrémité de l'armature A de l'électro-aimant E. Lorsque l'aimant E attire, de haut en bas, l'armature A, la tige *ll'* attachée à cette armature, s'élève et son style vient frapper le papier tournant. Suivant la durée plus ou moins longue du contact du style et du papier, il se produit ainsi des points ou des traits, qui répondent à ceux de l'alphabet Morse.

Un ressort à boudin *r* ramène en bas la tige *ll'* quand l'électricité cesse de circuler dans l'électro-aimant et d'attirer l'armature. Ce levier *ll'* est porté sur deux pointes de vis *v'*, *v*, et sa course est limitée par les vis *p'*, *p*. La tension du ressort *r* se gradue au moyen du bouton B, et de la petite pièce *f*, à laquelle est attaché le ressort. Le levier H sert à arrêter ou à mettre en action le mouvement d'horlogerie contenu dans la caisse P, et par conséquent, à mettre en marche ou à arrêter le déroulement de la bande de papier.

Fig. 57. — Récepteur de l'appareil Morse à pointe sèche.

La façon mécanique, dont les impressions se produisent sur le papier tournant, mérite une explication plus détaillée. Pour la bien saisir, il faut examiner les petites pièces qui sont groupées au point où se produit cette impression. L'extrémité *l* du levier *ll'*, porte un style, ou pointe traçante, en acier, que l'on peut faire avancer ou reculer au moyen d'un pas de vis et du bouton qui le termine. Quand ce style vient toucher le papier, il pénètre légèrement dans une rainure pratiquée dans le rouleau supérieur, qui est mobile autour de l'axe *o*, et qui peut être légèrement pressé au moyen de la vis *k*, par le ressort *m*. C'est ainsi qu'il se produit, dans le papier, une impression en relief. Cette saillie a la forme d'un point si l'armature n'est abaissée qu'un instant, et d'un trait plus ou moins long, si l'attraction dure plus longtemps.

Le *récepteur* de l'appareil Morse, que nous venons de décrire, est placé à la station qui reçoit la dépêche. À la station du départ est établi l'appareil qui sert à produire, à distance, les interruptions et les rétablissements alternatifs du courant électrique. Cet appareil s'appelle *manipulateur*. On le voit représenté dans la figure 58.

Fig. 58. — Manipulateur de l'appareil Morse a pointe sèche.

Le levier *ll'*, est maintenu en contact avec la pièce métallique *p*, par un ressort d'acier R, placé au-dessous. Dans cette situation, le courant arrivant de la ligne A, traverse l'appareil entièrement composé de pièces métalliques, en suivant le chemin ADVB, puisque les pointes *l*, *p*, sont en contact, et établissent la continuité des conducteurs. Mais si l'on presse du doigt le bouton E, on fait basculer le levier EDV autour de son point d'appui D. Ce levier, abandonnant sa position primitive, vient s'appuyer sur la pièce *p'*, à la droite de ce levier, en se séparant de la pièce *p* et interrompant par conséquent le passage du courant de B en V. Aussi longtemps que l'on tient ainsi élevé le levier *ll'*, aussi longtemps le courant est interrompu ou rétabli, et c'est ainsi que l'on établit à distance ces alternatives de maintien et de rupture du courant, qui vont produire, à la station de réception, les traits ou les points, dont la succession constitue l'alphabet Morse.[1]

Nous donnons dans le tableau suivant l'explication des signaux de l'alphabet Morse, tel qu'il est adopté par l'administration des

1 La vis V sert à faire avancer ou reculer, pour la facilité de l'employé, la course de la tige qui établit la communication.

lignes télégraphiques françaises, et pour les communications internationales. Dans cet alphabet, M. Morse a employé les combinaisons les plus simples pour les lettres qui reviennent le plus fréquemment. Les chiffres exigent cinq traits ou points.

Les employés ont une telle habitude de cet alphabet, que presque toujours ils comprennent la dépêche au seul bruit fait par l'armature du récepteur. L'audition peut si bien suffire à l'employé pour saisir le sens de la dépêche qu'il reçoit, que, dans certains pays, on a supprimé le papier tournant et le rouage, et réduit l'appareil à un électro-aimant avec son armature. C'est ce qui a été fait, un moment, aux États-Unis et dans une partie de l'Italie méridionale.

Nous n'avons pas besoin de dire qu'une fois la dépêche inscrite par le récepteur sur le papier tournant, l'employé chargé de la recevoir, coupe le papier au point où les signes s'arrêtent. Les caractères de l'alphabet Morse, imprimés en saillie sur cette bande de papier, sont aussitôt traduits dans le langage ordinaire, et la bande de papier elle-même est conservée, afin qu'il reste une trace matérielle et authentique de la dépêche transmise.

L'appareil Morse que nous venons de décrire est celui qui a été employé jusqu'à l'année 1860 environ, dans toute l'Europe. Mais il avait un inconvénient qui saute aux yeux. Les signes étaient formés tout simplement en relief sur la bande de papier, au moyen d'une espèce de gaufrage. Or, les signaux ainsi produits ne sont pas toujours bien visibles, et ils perdent leur netteté quand on serre la bande entre les doigts ou qu'on l'enroule. Leur lecture est très-fatigante dans une pièce mal éclairée.

C'est pour toutes ces raisons qu'on s'est empressé, dès que l'appareil Morse s'est généralisé dans toute l'Europe, de perfectionner le mode d'imprimer les signaux, et de remplacer les marques tracées à la pointe sèche, par des signaux tracés à l'encre.

Plus de quarante systèmes ont été proposés dans ce but. On a cherché à inscrire les signaux au crayon, à l'encre, ou par une réaction chimique entre le style métallique et le papier tournant.[1]

De tous les systèmes, le plus avantageux, celui qui est le plus généralement employé, est dû à MM. Digney frères, constructeurs de Paris ; c'est celui qui fonctionne sur presque toutes les lignes européennes, où il a remplacé l'appareil à pointe sèche. Le principe de sa construction, c'est de remplacer le style, ou pointe sèche de Morse, par un rouleau ou molette, qui, après s'être chargé d'encre sur un rouleau voisin, vient porter cette encre sur le papier tournant.

La figure 59 représente l'*appareil Morse à signaux imprimés*. Le modèle représenté sur cette figure, et qui ne diffère que peu de celui que MM. Digney frères construisent pour notre administration des télégraphes, est l'appareil John, perfectionné par M. Bréguet.

Fig. 59. — Télégraphe Morse à signaux imprimés.

---

1 On trouvera la description de tous ces systèmes dans l'ouvrage de M. Th. du Moncel (*Exposé des applications de l'électricité*, tomes II, IV et V).

C'est en 1856, qu'un employé des lignes télégraphiques d'Autriche, nommé John, imagina de remplacer la pointe sèche du levier Morse, par une petite roue plongeant en partie dans un encrier, et qui tourne sur son axe quand l'appareil se déroule. Quand le levier soulève cette roue, elle vient marquer une trace sur le papier tournant. En 1859 MM. Digney frères supprimèrent l'encrier, et le remplacèrent par un petit disque frottant constamment contre un rouleau élastique pénétré d'une encre grasse qui peut conserver longtemps sa liquidité : il suffit de déposer, tous les deux ou trois jours, quelques gouttes de cette encre à la surface du rouleau. M. Bréguet a apporté à ces dispositions essentielles certaines modifications de détail, qui ont donné à l'appareil la forme du modèle que nous allons décrire.

Le papier passe d'abord dans le guide G, où il est légèrement tendu par le poids du rouleau R ; il passe ensuite autour du rouleau R, dont la surface est rugueuse, et il entraîne ce rouleau dans son mouvement. Il vient ensuite porter sur un très-petit cylindre d'acier i, de manière a faire un coude assez aigu à l'endroit où doivent se faire les signaux, et il est enfin saisi entre les deux cylindres N, N' à surface rugueuse, lesquels sont conduits par le rouage d'horlogerie contenu dans la caisse, et qui fait ainsi dérouler sans cesse la bande de papier.

Faisons remarquer, en décrivant cette nouvelle figure, que les mêmes lettres représentent les mêmes organes que dans la figure 57. Le mécanisme de l'électro-aimant et de son armature est, en effet, entièrement semblable à celui que nous avons décrit précédemment, E est l'électro-aimant, A, l'armature et B le bouton du ressort antagoniste, dont le réglage se fait comme dans l'appareil à pointe sèche représenté figure 57.

Voici maintenant comment se produit l'impression à l'encre des signaux. Le levier ll', qui est attaché à l'armature A, et dont les vis p, p' servent à borner la course, porte à son extrémité supérieure, une petite molette m, à la hauteur du coude i fait par le papier. Cette molette, dont la circonférence est recouverte d'encre, vient au contact du papier quand l'armature A est attirée, ainsi que la tige ll', par l'électro-aimant E, et elle produit sur le papier des traits ou des points suivant que l'attraction dure plus ou moins. L'encre est fournie à la molette *m* par un tampon de drap *t* enduit d'encre et qui appuie légèrement sur la partie supérieure de la molette mais sans gêner les mouvements du levier *ll'* de l'armature.

L'électricité n'a donc qu'à soulever le papier d'une quantité presque imperceptible pour le presser contre la molette, constamment entretenue d'encre fraîche. On produit ainsi des traces d'autant mieux marquées que le mouvement de rotation du disque est contraire à la marche du papier, et qu'ainsi il n'y a pas seulement contact, mais frottement du disque contre le papier.

L'appareil Morse, avec tous les perfectionnements qu'il a reçus depuis son origine, est aujourd'hui employé pour toutes les communications internationales en Europe, et sur la plus grande partie des lignes françaises. En raison de son adoption générale par les principaux états de l'Europe, M, Morse a reçu, en 1860, une indemnité de 400 000 francs, par la contribution de tous les États qui font usage de son appareil.

Le télégraphe Morse *à signaux imprimés* est un appareil excellent, comme le prouve suffisamment l'adoption générale qui en a été faite dans la plupart des États de l'Europe et du Nouveau Monde. Il est commode et peu sujet aux dérangements. Cependant, on a fini par lui reconnaître quelques défauts, qui ne sont, à vrai dire, que des défauts relatifs. Il exige, pour donner une bonne impression, un courant électrique d'une certaine intensité, et l'on est forcé, pour suppléer à l'insuffisante énergie du courant qui parcourt les lignes, de faire usage de *relais*.

On appelle *relais*, dans la télégraphie électrique, un appareil qui fournit un courant voltaïque supplémentaire, et que l'on dispose sur certaines parties de la ligne, pour renforcer la puissance de la source électrique. Dans le chapitre suivant (*appareils accessoires de la télégraphie électrique*), nous donnerons la description exacte de cet instrument, dont nous nous bornons ici à prononcer le nom.

On reproche, en second lieu, au télégraphe Morse, sa lenteur, ou, du moins, sa lenteur relative : un employé ne peut guère imprimer avec cet appareil, que de vingt à vingt-quatre dépêches de vingt mots par heure. Ce nombre est insuffisant pour la promptitude du service, sur les lignes très-occupées, très-encombrées, comme celles de Paris.

Le télégraphe Morse, cette admirable acquisition de la science contemporaine, a donc fini par être jugé insuffisant ; ce que l'on n'aurait guère soupçonné au début, mais ce qui est une conséquence inévitable de la loi du progrès et de la nécessité constante de perfectionner les inventions utiles au bien-être de l'humanité.

Le nouvel instrument qui s'apprête à détrôner le télégraphe Morse, est, comme le précédent, d'origine américaine. Il a été inventé par M. Hughes, professeur de physique à l'université de New-York, et par conséquent collègue de M. Morse. Seulement l'Amérique n'avait point apprécié à sa véritable valeur cette œuvre de génie. Il a fallu que M. Hughes vînt en France, d'abord pour faire exécuter et même perfectionner son appareil, par un de nos plus illustres mécaniciens, Gustave Froment, ensuite pour le faire adopter par les gouvernements européens. On reprochait au télégraphe de M. Hughes sa complication, vraiment excessive ; c'est grâce aux talents mécaniques tout à fait hors ligne de Gustave Froment, qu'il a fini par être rendu pratique, et par pouvoir être confié à un mécanicien ou à un horloger d'un mérite ordinaire. Nous avons vu, pendant plusieurs années, le télégraphe Hughes expérimenté, amélioré, mis et remis sur le chantier, dans les ateliers de Gustave Froment, jusqu'à ce qu'il soit devenu ce qu'il est aujourd'hui, c'est-à-dire une merveille entre les merveilles.

Fig. 60. — Hugues.

On va juger si cette appréciation est exagérée, par les résultats que cet instrument peut produire, et qu'il produit chaque jour.

Le télégraphe Hughes imprime les dépêches, non comme le télégraphe Morse, par une série de traits et de points qui forment un alphabet conventionnel, mais en lettres ordinaires d'imprimerie ; de telle sorte que la dépêche sort de l'instrument tout imprimée en lettres capitales sur la bande de papier. Ajoutons qu'en même temps, la même dépêche s'imprime d'une façon toute semblable à la station du départ. Au poste de réception, il suffit donc de couper la bande de papier imprimée qui sort de l'instrument, et l'on envoie au destinataire cette même bande de papier portant la dépêche.

Mais ce qu'il y a de prodigieux, ce qui a causé une impression de surprise sans égale à tous les mécaniciens de l'Europe, c'est la rapidité de cette impression. La dépêche s'imprime *au vol*, pour ainsi dire. Tandis que le télégraphe Morse ne peut fournir dans une heure que de vingt à vingt-quatre dépêches de vingt mots, le télégraphe Hughes en donne jusqu'à cinquante par heure, c'est-à-dire presque une dépêche de vingt mots par minute. C'est un résultat que tout mécanicien eût déclaré d'avance impossible, car il semblait qu'un certain temps d'arrêt fut indispensable, pour que chaque caractère imprimât nettement sa trace sur le papier. Cette impossibilité pratique, ce véritable prodige, est réalisé tous les jours par l'appareil du professeur américain.

Aussi le télégraphe Hughes a-t-il été promptement adopté par tous les États de l'Europe, qui l'emploient concurremment avec le télégraphe Morse. On conserve le télégraphe Morse sur les lignes qui ne sont pas très-occupées, et l'on se sert du télégraphe Hughes, quand il s'agit de satisfaire à une correspondance très-active.

Le télégraphe Hughes est, au point de vue mécanique, d'une assez grande complication pour que nous devions renoncer à décrire tous ses rouages secondaires, dont les hommes du métier peuvent seuls apprécier les fonctions, ou l'utilité. Nous nous bornerons à faire connaître les dispositions essentielles de cet appareil.

Le *manipulateur* est un clavier semblable à celui d'un piano, c'est-à-dire composé de touches blanches et de touches noires, dont vingt-six portent les lettres de l'alphabet, la vingt-septième, un point, et la dernière ne porte rien. Dans cet appareil, le rôle de l'électricité est réduit à sa plus simple expression ; ce qui permet de supprimer les relais qui sont, comme nous l'avons dit, indispensables au télégraphe Morse. La force motrice est empruntée, non au courant électrique, mais à un poids de 50 à 60 kilogrammes, qui fait marcher tout l'appareil d'une manière continue et régulière, comme une ancienne horloge : quand ce poids est descendu au bas de sa course, on le relève, en pressant avec force sur une pédale. Toute la fonction de l'électricité consiste à faire embrayer et désembrayer une roue, pourvue d'un excentrique, qui, au moment voulu, soulève la bande de papier, et la pousse contre la lettre chargée d'encre.

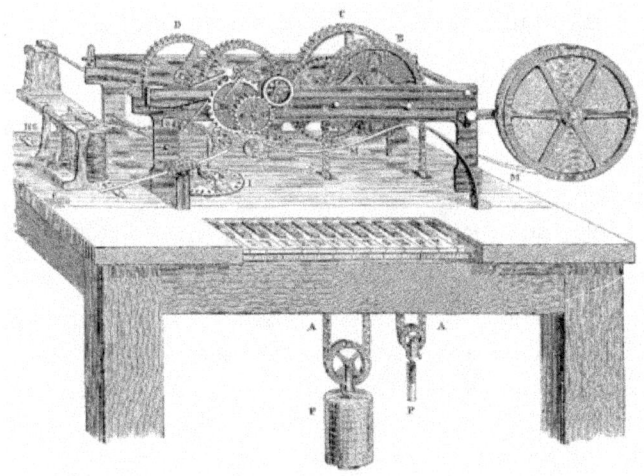

Fig. 61. — Télégraphe imprimeur de Hughes.

Les organes dont nous venons de faire connaître les fonctions sont représentés dans la figure 61. Au-dessous du clavier ou *manipulateur*, on voit le poids moteur de tout le système, P, soutenu par une chaîne sans fin A A. Cette chaîne s'enroulant sur la poulie B fait tourner la roue C, et, au moyen d'un pignon et d'une roue intermédiaire, vient faire tourner la roue D, placée à gauche des deux premières. Cette roue D, au moyen d'organes divers, que nous négligeons, vient faire tourner le *disque imprimeur* E. Ce disque porte, en effet, sur sa circonférence, les 28 lettres ou signes correspondant à ceux du clavier. Ce sont les caractères gravés en relief sur la circonférence de cette roue, qui produisent l'impression sur le papier tournant M M. Une *molette* E', garnie sur tout son contour d'une étoffe imbibée d'encre, fournit au *disque imprimeur* E l'encre grasse nécessaire à cette impression typographique.

Dans la figure que le lecteur a sous les yeux, G, H représentent les fils de la pile, dont l'un se rend au clavier, et l'autre à l'électroaimant K. Cet électro-aimant entre en action pour embrayer ou désembrayer le mécanisme du disque imprimeur, grâce au disque I, sur lequel il faut maintenant appeler l'attention.

Ce disque est percé, sur sa circonférence, de 28 trous, dans chacun desquels passe une dent d'acier, mue par un petit levier, lequel est mis en action lorsque l'opérateur vient à poser le doigt sur une des touches du clavier. Comme à chaque trou du disque I correspond une lettre du clavier, si l'on appuie sur la touche du clavier, sur la touche Z, par exemple, aussitôt la dent correspondant à cette touche s'élève au-dessus du disque, et le papier tournant est poussé par le rouleau J, contre la même lettre du disque imprimeur.

Telles sont les dispositions essentielles du télégraphe Hughes.

Ce que l'on peut reprocher à cet appareil, c'est la fatigue à laquelle il condamne l'employé, forcé de relever trop souvent un poids de 50 à 60 kilogrammes, d'exécuter sur le clavier un jeu difficile autant que rapide, et, en même temps, de suivre attentivement des yeux la dépêche qui s'imprime.

La complication du télégraphe Hughes est son mauvais côté. Son mécanisme est si délicat qu'il exige des réparations fréquentes, et qu'un mécanicien doit toujours se tenir prêt à porter remède à ses dérangements. On a toujours un appareil de rechange, pour le substituer, en cas d'accident grave, à celui qui est en marche.

Après l'appareil Morse et l'appareil Hughes, le télégraphe électrique le plus souvent employé est le *télégraphe à cadran*, ou télégraphe alphabétique, c'est-à-dire qui indique lettre par lettre, les mots composant une dépêche, et dont le récepteur ressemble assez au tourniquet populaire qui sert à tirer les macarons. Ce télégraphe n'est employé que pour le service des chemins de fer. Le petit nombre et l'uniformité des messages à transmettre sur les chemins de fer, permettent de se contenter de cet instrument d'une construction simple et économique.

Le *télégraphe à cadran* a été inventé par M. Wheatstone. Nous allons essayer de faire comprendre les principes généraux de son mécanisme.

Aux deux extrémités de la ligne télégraphique sont installés deux cadrans circulaires parfaitement semblables, et qui portent inscrits sur leur circonférence les vingt-quatre lettres de l'alphabet et les dix chiffres de la numération. Ces deux cadrans communiquent entre eux par le fil conducteur de la pile. À l'aide de dispositions mécaniques que nous décrirons plus loin, chacune des lettres du cadran placé à la station d'arrivée peut, par l'action du courant voltaïque, établi ou interrompu, apparaître au-devant d'une sorte de fenêtre. Les deux cadrans sont liés entre eux de telle manière que les mouvements qui s'exécutent sur l'un sont répétés exactement et au même instant par l'autre. D'après cela, si l'on fait passer l'électricité fournie par la pile, dans le conducteur qui relie les deux cadrans, et qu'à la station d'où partent les dépêches on amène successivement les diverses lettres de l'alphabet devant un point d'arrêt qui existe sur le cadran indicateur, les mêmes lettres apparaîtront instantanément à la fenêtre du cadran de la station extrême.

Quelles sont les dispositions mécaniques qui permettent de faire reproduire, sur le cadran de l'une des deux stations, les divers mouvements que l'on imprime au cadran de l'autre station ? C'est ce que nous allons exposer en donnant la description complète de l'instrument tel que M. Wheatstone l'a construit.

A, A (*fig.* 62) représentent un électroaimant double, formé de deux cylindres de fer doux parcourus, suivant le procédé ordinaire, par un long fil de cuivre qui donne passage au courant. Ces deux cylindres ont une longueur d'environ deux pouces et un demi-pouce de diamètre. Les extrémités *a, b* de ce fil communiquent avec les conducteurs de la ligne télégraphique. Quand le courant électrique vient circuler autour des deux cylindres, il les transforme en aimants artificiels, et, par l'effet de l'attraction magnétique, le disque de fer B, placé à quelque distance au-dessus d'eux, est instantanément attiré ; lorsque le courant voltaïque est interrompu, l'attraction magnétique cesse, et le disque B est ramené à sa position primitive, par l'action d'un ressort d'acier C, qui le relève dès que sa pression n'est plus contre-balancée par l'attraction magnétique.

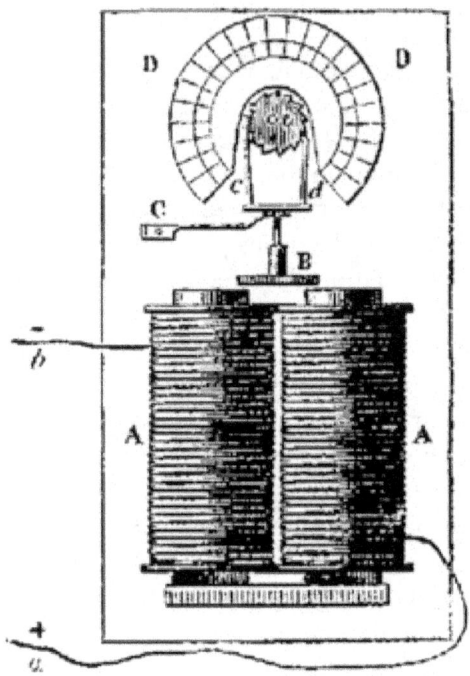

Fig. 62. — Récepteur du télégraphe à cadran.

Ainsi, en établissant et rompant alternativement le circuit voltaïque, on peut imprimer au disque B un mouvement de va-et-vient dans le sens vertical. Ce mouvement vertical, on le transforme en mouvement circulaire à l'aide de la disposition très-simple que l'on voit représentée sur la figure 62. Le disque de fer B est muni de deux petites tiges montantes *c*, *d*, dont les extrémités sont en contact avec les dents d'une petite roue à rochet *e*. Quand le disque B s'abaisse, la petite tige *c* tire la dent à laquelle elle est fixée ; quand il se relève, la tige *d* pousse une autre dent : il résulte de ce double mouvement que la roue *e* tourne d'un pas toutes les fois que l'attraction et la répulsion magnétiques sont établies ou suspendues. Or, un disque de papier DD, recouvert d'un cadran portant différentes lettres, est fixé sur cette roue et la suit dans ses mouvements ; par conséquent, ce disque de papier ou ce cadran tourne autour de ce centre par l'effet de l'attraction et de la répulsion magnétiques ; il avance d'un pas à chacun de ces doubles mouvements.

Sur la circonférence de ce cadran, on a inscrit les vingt-quatre lettres de l'alphabet ou différents autres signes, en nombre double du nombre des dents de la roue d'échappement ; enfin une plaque de cuivre qui ne peut être représentée sur la figure 62, est placée au-devant du cadran, et porte seulement une petite ouverture qui ne permet d'apercevoir à la fois qu'un seul des caractères qui viennent successivement apparaître à cette sorte de fenêtre. En établissant ou suspendant le courant voltaïque un nombre suffisant de fois, on peut donc amener à volonté chacune des lettres devant cette ouverture, de manière à les montrer à un employé placé en station devant l'instrument, et qui est chargé de lire les différentes lettres composant la dépêche, à mesure qu'elles apparaissent à la fenêtre du cadran.

La partie du télégraphe à cadran que nous venons de décrire, porte le nom de *récepteur* ; elle est placée à la station où les dépêches sont reçues. La seconde partie de cet appareil, désignée sous le nom de *manipulateur*, est placée à la station du départ ; elle est destinée à faire mouvoir à distance les lettres de l'indicateur. Voici la disposition mécanique du manipulateur (fig. 63).

À est un disque de bois, mobile autour de son axe, sur lequel on a gravé, entre deux cercles concentriques, deux rangées de lettres et de chiffres. Autour de sa circonférence, on a planté une série de petites tiges de bois, placées en face de chaque lettre ; en saisissant une de ces tiges saillantes, on peut faire tourner le disque A, de manière à amener une lettre quelconque du cadran en face d'une pièce fixe, ou arrêt, B.

Mais comment peut-on faire répéter à la station extrême, par le cadran indicateur, la lettre amenée au-devant du point d'arrêt B sur le *manipulateur* ? La figure 64, qui représente une coupe, dans le sens vertical, du *manipulateur* dont la figure précédente représentait l'élévation, va le faire comprendre.

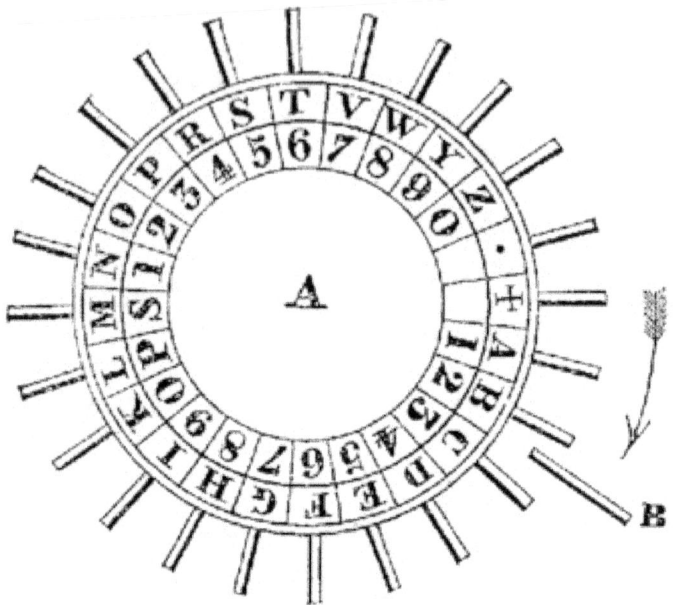

Fig. 63. — *Manipulateur* du télégraphe à cadran de M. Wheatstone.

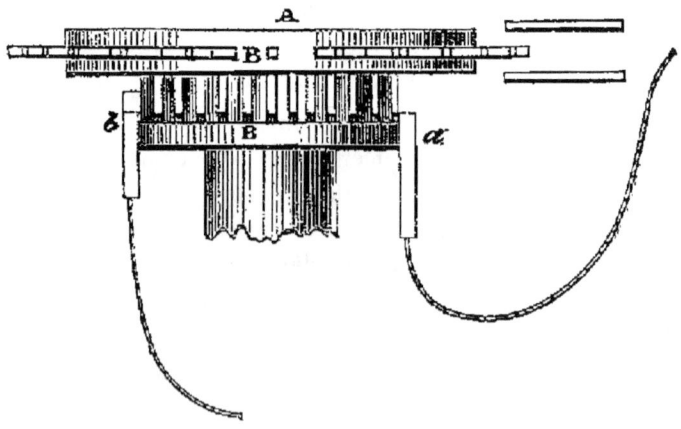

Fig. 64. — Coupe intérieure du *manipulateur* du télégraphe à cadran de M. Wheatstone.

Au-dessous du disque tournant A et lui servant de support, se trouve un cylindre métallique BB, mobile autour de son centre, lequel, à l'aide de la tige métallique *a*, établit la communication avec le fil conducteur du télégraphe. Ce cylindre métallique est pourvu, sur sa circonférence, d'un certain nombre de petites bandes de bois ou d'ivoire, corps qui ne conduisent pas l'électricité. Ces bandes sont en *nombre exactement correspondant à celui des lettres du cadran*. Ce cylindre est donc formé mi-partie de substances conductrices, et mi-partie de substances non conductrices de l'électricité. Or, une sorte de ressort métallique *b* auquel est attaché, par son extrémité inférieure, le second fil conducteur de la pile, se trouve en contact immédiat avec ce cylindre formé de substances alternativement conductrices et non conductrices. Quand on fait tourner le disque, le courant voltaïque doit donc être établi, puis interrompu à chacun des contacts du ressort métallique *b* avec les différentes bandes conductrices et non conductrices. Toutes les fois, par exemple, que le ressort *b* touche une des portions métalliques du cylindre, le courant électrique s'établit dans l'appareil, puisque le circuit est alors tout entier formé de substances conductrices de l'électricité ; lorsque, au contraire, ce ressort est en contact avec l'ivoire, le courant électrique s'interrompt. Le circuit voltaïque est donc alternativement établi ou suspendu, selon qu'il passe devant le ressort *b* une bande de métal ou une bande d'ivoire. Or, et c'est là le point important à remarquer pour l'intelligence de l'instrument, les bandes conductrices et les non-conductrices sont exactement, comme nous l'avons déjà fait observer, en même nombre que les lettres du cadran ; il en résulte qu'à chaque lettre qui passe devant le ressort *b*, le courant voltaïque est établi ou suspendu. Mais on se rappelle que, d'après la disposition du *récepteur* représenté sur la figure 62, à chacune des interruptions et des rétablissements successifs du courant, le cadran de l'indicateur marche d'une lettre ; par conséquent, les deux cadrans une fois mis d'accord, toutes les fois que l'on amènera une lettre quelconque au-devant de l'arrêt B, dans le *manipulateur*, la même lettre apparaîtra instantanément à la fenêtre du cadran du *récepteur* placé à la station extrême : de telle manière qu'il suffira d'amener un signe quelconque en face de ce point d'arrêt à la station du départ, pour que la même lettre apparaisse instantanément à la station d'arrivée sur le cadran de l'indicateur. Admettons, par exemple, qu'on veuille transmettre d'une station à l'autre le mot Paris, voici les différentes manœuvres qu'il faudra exécuter. Avant de transmettre aucun signe, on commencera par mettre d'accord les deux cadrans, c'est-à-dire les disposer tous les deux de telle manière que la lettre qui se montre à l'ouverture du cadran indicateur, soit la même que celle qui se trouve au point d'arrêt du *récepteur*. L'instrument ainsi réglé, on fera tourner le disque du *manipulateur* de manière à amener la lettre P au-devant du point d'arrêt. On fera la même manœuvre pour les lettres suivantes, et toutes ces lettres viendront à tour de rôle se reproduire dans le même ordre sur le cadran de la station d'arrivée. Le signe † porté sur le cadran, indique le commencement, tandis que le point marque la fin d'une phrase.

Telles sont les dispositions principales du télégraphe à cadran, qui n'est en usage, comme nous l'avons dit, que pour le service des chemins de fer, en Angleterre et en France.

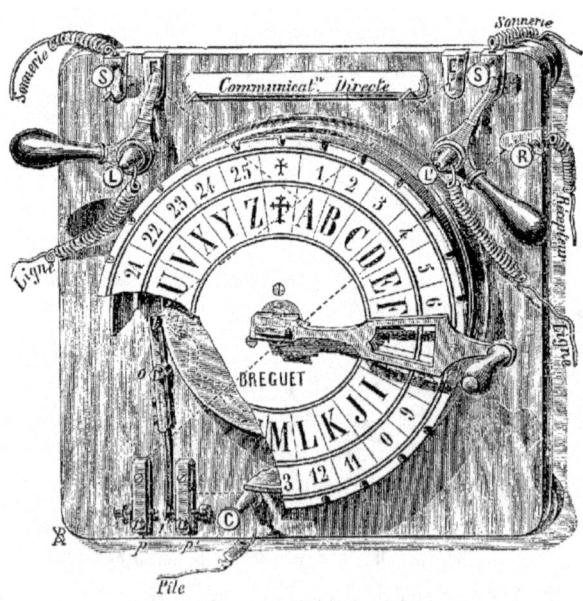

Fig. 65. — Manipulateur du télégraphe à cadran de M. Bréguet.

L'aspect extérieur du *télégraphe à cadran* se voit dans les figures 65 et 66, qui représentent le *manipulateur* et le *récepteur* du *télégraphe à cadran* que construit M. Bréguet pour le service des chemins de fer français.

Un cadran de laiton (fig. 65) est monté sur une planche en bois, de forme carrée ; ce cadran porte, gravés, les lettres et les chiffres, disposés comme dans le *récepteur*. À chaque lettre correspond une échancrure, à la circonférence du cadran. Une manivelle, fixée au centre du cadran, peut parcourir toute sa circonférence ; elle porte à sa surface inférieure, une dent, qui peut entrer dans les échancrures du cadran, et qui sert à bien assurer sa position en face des différentes lettres. C, est le bouton qui donne attache au fil conducteur de la pile ; L, le bouton par lequel le courant passe dans la ligne télégraphique, après avoir parcouru le cadran ; S, est la sonnerie, dont le mécanisme sera expliqué plus loin ; R, le bouton auquel est fixé le conducteur qui se rend au *récepteur des signaux*.

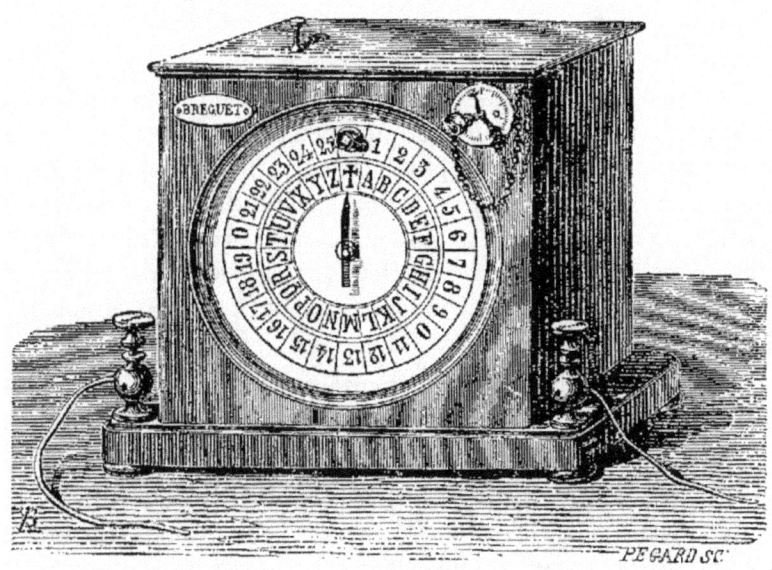

Fig. 66. — Récepteur du télégraphe à cadran de M. Bréguet.

Le *récepteur* (fig. 66) est un cadran portant les 25 lettres de l'alphabet et une croix ce qui donne 26 signaux. Au repos, l'aiguille doit toujours être sur la croix, comme dans la figure 66. Cette position est celle d'où l'on part et à laquelle on doit toujours revenir. Dans la transmission d'une dépêche, sous l'influence du mécanisme que nous avons expliqué à propos du télégraphe à cadran de M. Wheatstone, l'aiguille, parcourant rapidement le cadran, de gauche à droite, sans jamais rétrograder, fait un temps d'arrêt sur chacune des lettres composant les mots de la dépêche, et sur la croix, à la fin de chaque mot, pour le séparer nettement du suivant. L'employé, en suivant de l'œil les mouvements de l'aiguille, et son arrêt sur chacune des lettres, arrive, après un exercice de quelques jours, à lire très-rapidement les lettres et les mots qui lui sont expédiés par le *manipulateur*.

M. Bréguet construit également des *télégraphes électriques à cadran* qui sont mobiles, c'est-à-dire qui peuvent être transportés avec le train, et en cas d'accident arrivé sur la voie, peuvent servir à établir une correspondance avec la station télégraphique la plus voisine.

La disposition de chacune des parties qui composent ce télégraphe mobile est la même que celle des télégraphes à cadran que nous avons décrits. La pile seule est modifiée pour se plier au mode de transport. On a d'abord employé, au lieu de liquides qui se seraient facilement répandus, la *pile de sable*, c'est-à-dire du sable humide mélangé de sulfate de cuivre dans le vase poreux et de sulfate de zinc dans le vase de verre extérieur ; on emploie aujourd'hui des éléments de Daniell, bouchés avec du liège, parce qu'ils sont plus faciles à nettoyer.

La figure 67 représente ce *télégraphe électrique mobile*, qui est destiné à établir une correspondance télégraphique entre un train arrêté sur la voie par un accident quelconque, et les stations voisines.

La boîte de l'appareil est figurée ouverte ; elle contient un récepteur R, un manipulateur M, une boussole G, une pile composée de dix-huit éléments, logés dans le tiroir qui se trouve à la partie inférieure de la boîte BB, et deux bobines L, T, formées de fil de cuivre recouvert de coton.

À l'appareil est jointe une canne en jonc, à l'extrémité de laquelle est un crochet ; à ce crochet on attache le bout du fil déroulé de la bobine L, et on met ainsi l'instrument en communication avec la ligne télégraphique.

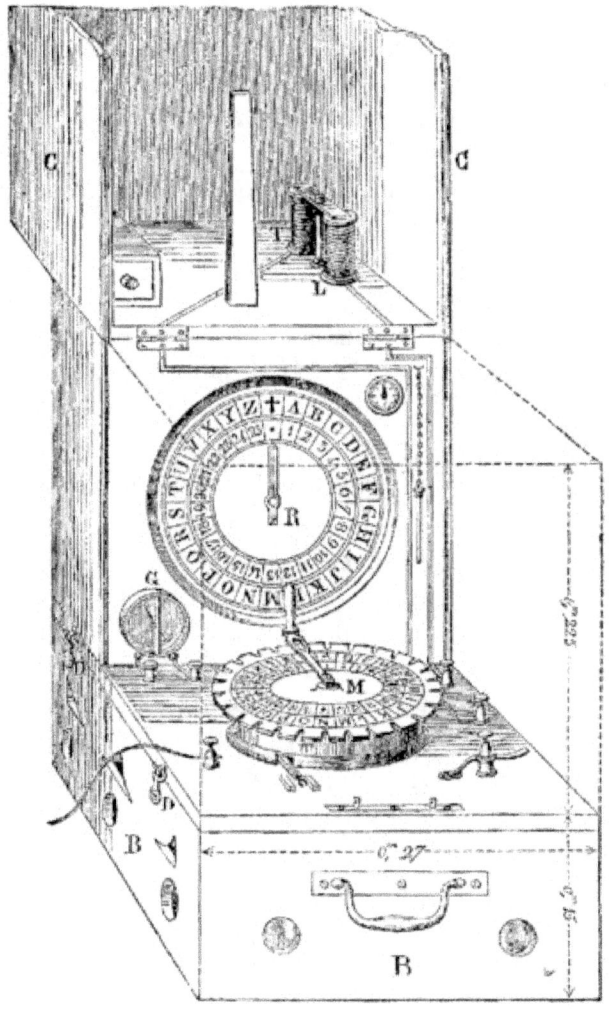

Fig. 67. — Télégraphe à cadran mobile, pour le service des convois de chemin de fer en marche.

Le fil de la bobine T se déroule également et sert à mettre l'appareil en communication avec la terre, par l'intermédiaire d'un coin en fer qu'on enfonce entre deux rails.

Supposons un train porteur d'un télégraphe mobile, arrêté par accident entre Paris et Juvisy, deux stations du chemin de fer d'Orléans. Le chef du train met son appareil en communication avec la ligne et avec la terre, il fait un tour de manivelle, et envoie par conséquent le courant de sa pile, qui se divise et va en même temps à Paris et à Juvisy, dont les sonneries sont mises en branle. La déviation de la boussole avertit que le courant passe et que la communication peut avoir lieu.

L'une de ces stations, Paris, par exemple, répond la première ; le courant qu'elle envoie se partage aussi entre l'appareil mobile et l'autre station (Juvisy) ; aussitôt cette réponse reçue, l'appareil mobile avertit par une dépêche conventionnelle que c'est lui qui appelle et que tel train arrêté entre tel et tel poteau kilométrique a besoin de secours.

Tel est l'ensemble du *télégraphe mobile*, construit par M. Bréguet, pour l'usage des chemins de fer.

Passons au *télégraphe typographique*, qui fonctionne depuis l'année 1863, sur le chemin de fer de Liverpool à Manchester, et depuis les premiers mois de 1867, entre Florence et Naples.

L'inventeur de ce nouveau système est le chevalier Bonelli, de Turin, ancien directeur des télégraphes sardes, et qui s'est fait connaître dans le monde savant par plusieurs inventions ingénieuses, entre autres, par la découverte du *tissage électrique*, c'est-à-dire l'emploi de l'électricité pour remplacer le métier Jacquart dans le tissage des étoffes à plusieurs couleurs.

Pour faire comprendre le nouveau système que nous avons à décrire, il est indispensable de connaître les appareils qui l'ont précédé dans le même genre, et qui lui ont, pour ainsi dire, frayé la route. En effet, dans son *télégraphe typographique*, M. Bonelli emploie pour former les signes, un papier *chimique*, lequel, sous l'influence du courant électrique, produit des traits coloriés. Il est donc nécessaire de rappeler ici les premiers appareils qui ont été construits dans le système du papier *chimique*.

Il paraît que c'est le chimiste anglais Humphry Davy qui eut, le premier, l'idée de former des signaux par le courant électrique, sur un papier imprégné d'une substance décomposable par l'électricité, Humphry Davy faisait usage de papier imprégné d'iodure de potassium, qui, sous l'influence d'un courant électrique, se décomposait et laissait sur le papier des taches brunes d'iode.

Mais l'inventeur incontesté du *système électro-chimique* appliqué à la télégraphie électrique, est M. Bain, physicien anglais. Ses appareils ont été employés en Amérique, à partir de l'année 1843, concurremment avec ceux de M. Morse.

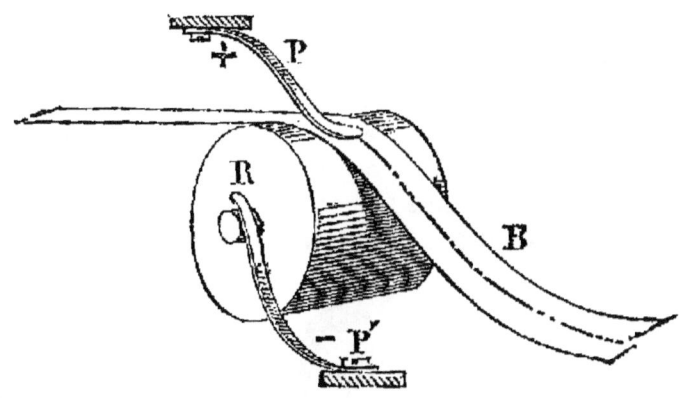

Fig. 68. — Style et papier mobile du télégraphe électro-chimique de Bain.

La figure 68 représente le style et la bande de papier de l'appareil qui a reçu de M. Bain, le nom de *télégraphe électro-chimique*. Une bande de papier continu B, est entraînée, comme celle de l'appareil Morse, par un rouage qu'on met en mouvement lorsqu'on veut recevoir une dépêche. Cette bande de papier passe sur un cylindre métallique R ; là un ressort de fer ou d'acier P, vient la presser et la maintenir en contact avec le cylindre R. Le papier a été d'avance, imprégné d'une dissolution de cyanure jaune de potassium et de fer (prussiate jaune de potasse). Chaque fois que le courant traverse le papier chimique en passant du ressort P (pôle positif) au cylindre métallique R (pôle négatif), une décomposition chimique a lieu. Le fer du ressort P est attaqué par le cyanogène mis en liberté par la décomposition du cyanure double, et il y a formation de bleu de Prusse (cyanure de fer). On produit ainsi des points et traits indélébiles, d'un beau bleu, se détachant sur le papier blanc ; ces points et ces traits sont les mêmes que ceux qui constituent l'alphabet Morse. Pour que la décomposition puisse avoir lieu, il faut que le papier soit toujours humide, ce qu'on obtient en ajoutant à la solution dans laquelle on le trempe, une matière hygrométrique, l'azotate d'ammoniaque.[1]

On facilite encore cette décomposition en donnant au ressort P une grande surface, ce qui permet un passage plus facile à l'électricité.

L'appareil Bain a été, tant en Amérique qu'en Angleterre, le point de départ d'une foule de nouveaux *télégraphes électro-chimiques*. Un inspecteur des lignes télégraphiques françaises, M. Pouget-Maisonneuve, a perfectionné l'appareil Bain, en faisant passer le ruban de papier entre deux pointes, comme dans l'appareil Morse.

Fig. 69. — G. Bonelli.

---

1 Le liquide, dans lequel on plonge le papier, est ainsi composé :
Eau

100 parties.

Azotate d'ammoniaque

150 —

Cyanure jaune de potassium et de fer

5 —

Dans son *télégraphe typographique*, M. Bonelli fait usage d'un papier chimique, et les signes sont tracés sur le papier, par la (1) décomposition de la substance, imprégnant ce papier. Cette substance, c'est l'azotate de manganèse : le courant électrique décompose ce sel, et laisse à nu de l'oxyde de manganèse, qui forme sur le papier, des traits bruns, fortement accusés.

Mais le papier chimique est l'élément accessoire de l'appareil qui va nous occuper. C'est le principe du télégraphe typographique qui fait l'intérêt et l'originalité de cette invention, et ce principe, le voici :

Imaginons un fil télégraphique qui se termine, à chacune des deux stations, par une pointe de platine. Sous la pointe qui représente le pôle positif de la pile, faisons passer un ruban de papier, imbibé d'une solution d'azotate de manganèse et appliqué sur une règle de fer argenté, communiquant avec le sol ; pendant que sous l'autre pointe, qui correspond au pôle négatif, défile une dépêche, préalablement *composée en caractères typographiques*, également en communication avec le sol. Tant que cette pointe rencontre le relief d'un caractère d'imprimerie, le courant passe, et à la station d'arrivée, le nitrate de manganèse, réduit par le courant, forme sur le papier une tache de couleur brune. Lorsque la pointe qui fonctionne à la station de départ, se trouve sur un creux du caractère typographique, le courant est interrompu, et la partie du papier qui défile sous l'autre pointe, conserve sa blancheur.

Mais il est évident que cette succession de taches brunes et d'intervalles blancs, ne suffirait pas pour reproduire la forme des caractères. M. Bonelli a reconnu que, pour reproduire cette forme, il faut mettre en jeu, à chaque station, trois pointes, isolées l'une de l'autre, et en communication avec trois fils conducteurs d'une pile voltaïque. Les trois pointes réunies forment les dents d'une sorte de petit peigne, que l'on place perpendiculairement au centre de la ligne des caractères.

Si, au lieu de faire passer sous ce peigne une composition typographique, on l'appuyait sur une plaque métallique unie, le peigne à la station d'arrivée tracerait sur le papier chimique trois lignes parallèles, comme celles qui servent à écrire la musique, mais très-serrées. Maintenant, si le peigne appuie sur un caractère typographique, les dents qui rencontreront le relief détermineront, à la station opposée, autant de petites taches brunes sur le papier mobile, tandis que l'espace qui correspond au creux de la lettre sera blanc, parce que, à la station de départ, les dents qui se trouvent au-dessus du creux sont hors de communication avec le métal des types. Supposons, par exemple, que la lettre D vienne à défiler sous le peigne, ce peigne glissera d'abord sur la barre verticale du D, et à l'autre station les cinq dents marqueront cinq petits traits parallèles sur le papier ; au moment suivant, la première et la cinquième dent seules toucheront les lignes horizontales supérieure et inférieure du D, et à la station d'arrivée, le papier, qui s'est déjà déplacé d'une quantité égale, recevra les marques rectilignes des deux dents extrêmes pendant quelques instants ; enfin les pointes extrêmes quitteront le relief de la lettre D, et les trois dents du milieu viendront s'y poser de nouveau, ce qui déterminera, à l'autre bout de la ligne, l'impression de trois taches très-rapprochées qui formeront la figure du D. Les lettres ainsi imprimées et dont la figure 70 donne un spécimen, sont presque aussi faciles à lire qu'une impression ordinaire.

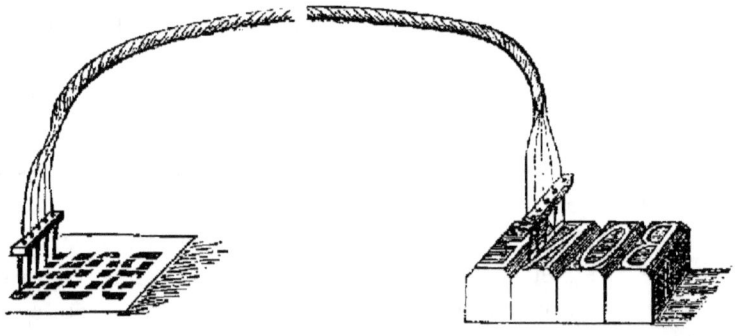

Fig. 70. — Conducteur du télégraphe typographique de M. Bonelli.

Tel est le principe du télégraphe typographique. Disons maintenant comment ce principe est mis en œuvre.

Sur une table de fer, longue de 2 mètres, est placé (*fig.* 71) un

petit chemin de fer, terminé à ses deux extrémités, par des arrêts-
ressorts, et traversé au milieu, par un petit pont qui porte le
peigne *u*. Sur ces rails marche un chariot en fer à quatre roues,
long d'un mètre, large de 25 centimètres, qui porte la dépêche,
composée en caractères ordinaires d'imprimerie, et une règle en
fer*t*, munie d'une bande de papier chimique.

Quand les chariots sont préparés aux deux stations, chaque
opérateur touche un bouton C, et fait ainsi lâcher prise aux ressorts
qui retiennent le chariot, lequel se met aussitôt à rouler, entraîné
par un poids qui agit sur lui au moyen d'une corde. Les trois fils
conducteurs des trois piles voltaïques se placent aux boutons *m*,
a, k.

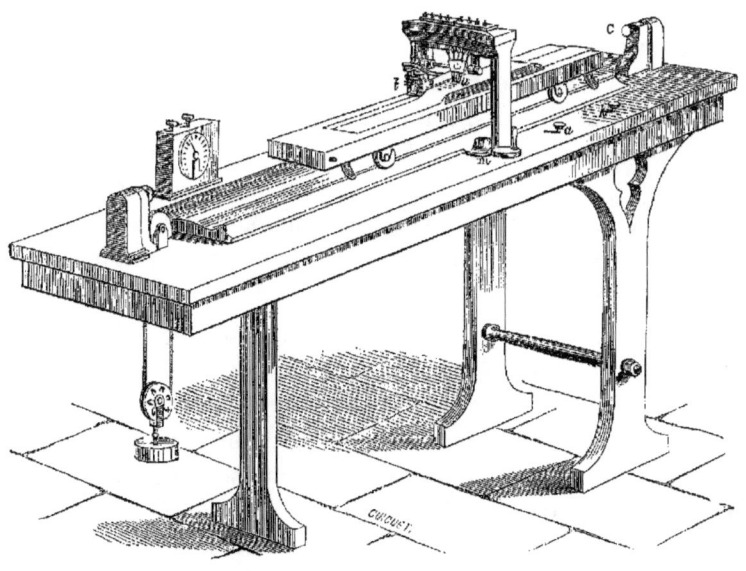

Fig 71. — Peignes et chariot du télégraphe typographique de M.
Bonelli.

Si, dans la première station, les caractères typographiques sont
placés à gauche sur le chariot, et la règle à droite, dans la station
opposée, on observera l'ordre inverse. De cette façon, pendant

la première moitié de la course des chariots, les types passent les premiers à la première station, le papier à la seconde, puis le papier à la première et les types à la seconde station. La course des chariots dure douze secondes, pendant lesquelles chaque station a envoyé une dépêche et en a reçu une autre.

Les *composteurs* contiennent de 25 à 30 mots, en moyenne. La composition des dépêches se fait par quelques jeunes ouvriers, qui emploient environ une minute et demie pour une dépêche. La transmission de 20 mots se fait donc en six secondes.

Pour obtenir la dépêche en double, il suffit de bifurquer les courants à leur arrivée et de les faire aboutir à deux peignes au lieu d'un. Ainsi, on peut envoyer au destinataire le ruban de papier sur lequel l'instrument a écrit le télégramme, et l'administration peut garder le double de la dépêche qu'elle envoie.

Grâce à cet ingénieux système, la composition même d'un journal pourrait servir à la reproduction télégraphique. Une nouvelle, à peine imprimée à Paris, serait expédiée, à Marseille ou à Lyon, imprimée avec les mêmes caractères. La composition qui aura servi au *Moniteur* par exemple, étant portée au bureau télégraphique voisin, pourrait paraître presque au même instant, à Marseille. Voilà un résultat qui suffit pour faire apprécier l'importance et l'avenir de ce système.

Si l'on veut maintenant établir une comparaison entre la rapidité avec laquelle fonctionne un appareil Morse, et celle qui nous est promise par l'appareil de M. Bonelli, il ne restera aucun doute sur la supériorité de ce dernier. Cinq compositeurs, qui ne seront que de simples ouvriers, pouvant chacun composer 30 dépêches de 20 mots par heure, on aura 150 dépêches par heure et par station, soit 300 par heure en tout. Dans une journée de travail, cela ferait 100 000 mots, ce qui représente le contenu d'un petit volume in-12 de 300 pages. Avec le même nombre d'employés, on obtiendrait donc trois fois autant d'ouvrage qu'avec le télégraphe Morse ; en outre, les dépêches seraient immédiatement imprimées en double, presque sans erreur possible, par un procédé mécanique aussi sûr que facile à exécuter.

Avec de tels appareils, la télégraphie électrique pourra être mise en pratique par les typographes, et deviendra ainsi un métier accessible au commun des ouvriers. C'est là évidemment un progrès manifeste : l'art de la télégraphie électrique se vulgarisera.

Nous avons décrit le télégraphe typographique avec trois fils conducteurs, c'est-à-dire exigeant l'emploi de trois courants voltaïques, tandis qu'il suffit d'un fil au télégraphe Morse, au télégraphe Hughes et au télégraphe à cadran. Tel est, en effet, le système qui fonctionne entre Manchester et Londres. Mais M. Bonelli a récemment simplifié son appareil : il se contente d'un seul conducteur. Les expériences faites à Florence, au mois de février 1867, avec le télégraphe typographique à un seul fil, ont donné un résultat des plus extraordinaires : dans une heure, ce télégraphe a pu composer jusqu'à cent dépêches de vingt mots. Nous ne pouvons toutefois, décrire ici cette disposition nouvelle du télégraphe typographique, qui permet de se contenter d'un seul fil pour la transmission de l'électricité, sans nuire à la netteté de l'impression ni à la rapidité de l'expédition ; car M, Bonelli n'a pas encore rendu publique cette importante modification de son système.

Le dernier appareil dont nous ayons à parler, c'est le *pantélégraphe*, de M. Caselli.

M. l'abbé Giovanni Caselli était professeur de physique à l'université de Florence, lorsqu'il fut tenté par la solution d'un problème physico-mécanique qui avait paru jusque-là impossible : la reproduction, par l'électricité, des signes de l'écriture à la main, des traits du dessin, et en général, de toute œuvre de la main de l'homme. Quelques tentatives avaient été faites dans cette direction, mais leur insuccès avait confirmé tous les mécaniciens dans l'idée de l'impossibilité de trouver la solution pratique de ce problème.

C'est le physicien anglais Bain, l'inventeur du télégraphe électro-chimique, qui, le premier, s'occupa d'exécuter un *télégraphe autographique*, en d'autres termes un appareil reproduisant le *fac-simile* d'une écriture ou d'un dessin quelconque, et réalisant ainsi un effet bien plus compliqué que nos télégraphes imprimeurs, où tout se borne à imprimer sur le papier des caractères uniformes.

Voici en quoi consistait le principe de l'appareil de Bain.

À chacune des stations, un plateau métallique tourne sous l'influence d'un mouvement d'horlogerie, qui, en même temps, communique un mouvement de va-et-vient à un style, lequel appuie sur le plateau. Les oscillations des styles aux deux stations, doivent être absolument *isochrones*, c'est-à-dire d'une amplitude parfaitement égale dans leurs oscillations respectives. Le plateau qui reçoit le fac-simile, est revêtu d'une feuille de papier imprégnée de cyanure jaune de potassium et de fer, et la pointe mobile trace sur ce papier une série de hachures bleues, parallèles aux arêtes du cylindre. La dépêche à transmettre s'écrit, avec une encre isolante, sur du papier d'étain, que l'on applique sur un cylindre. Toutes les fois que le style porte sur un trait à l'encre, le courant est interrompu, et le style, à la station opposée, cesse de marquer sur le papier. Le fac-simile est donc reproduit en blanc, sur un fond de hachures bleues.

L'appareil de M. Bain ne put donner dans la pratique aucun résultat avantageux, par suite de la difficulté de réaliser le synchronisme des deux plateaux.

M. Blackwell, autre physicien anglais, qui remplaça les plateaux par des cylindres, ne fut pas plus heureux que son devancier.

M. l'abbé Caselli ne crut pas néanmoins au-dessus des efforts de l'art contemporain la reproduction de l'écriture par l'électricité. Il vint à Paris, installa chez Gustave Froment le *pantélégraphe* qu'il avait construit à Florence en 1856, et pendant six ans, il ne cessa pas un seul jour de se consacrer au perfectionnement de cet appareil.

Nous avouons, à notre honte, que lorsque, en 1859, le savant abbé florentin, de son air doux et modeste, nous entretenait de ses tentatives, nous désespérions intérieurement de voir jamais ses efforts couronnés de succès. Nous admirions le courage, la persévérance de cet homme, qui, loin de sa patrie et de ses affections, usait son temps et ses forces, au plus difficile, au plus ingrat des labeurs. Et cette défiance de notre, part était bien naturelle, puisqu'il s'agissait d'établir à chacune des deux stations télégraphiques, deux pendules dont les oscillations fussent exactement les mêmes en amplitude et en durée, c'est-à-dire d'installer, à vingt lieues de distance, deux pendules *isochrones*. Assurer, malgré la distance, l'isochronisme absolu de deux pendules, cela paraissait, à la plupart des physiciens, quelque chose comme la quadrature du cercle ou la pierre philosophale.

Fig. 72. — G. Caselli.

Cette pierre philosophale de la télégraphie, M. l'abbé Caselli a fini par la trouver, car en 1863, l'appareil qu'il avait construit, avec le secours de Gustave Froment, donnait des résultats irréprochables. On pouvait, avec cet instrument, reproduire une dépêche d'une ville à l'autre, avec l'exacte fidélité d'une photographie. L'appareil Caselli donne, en effet, de véritables *fac-simile* de l'écriture de l'expéditeur. Il transmet l'écriture même, la signature même de l'expéditeur. Un dessin, un portrait, un plan, de la musique, une écriture étrangère, des traits confus et embrouillés, tout arrive fidèlement et se reproduit dans son intégrité d'une station à l'autre.

Le gouvernement français fut frappé des avantages et du côté brillant de l'invention du savant florentin. Au mois de mai 1863, une loi présentée au Corps législatif, et votée par cette assemblée, proclamait l'adoption du *pantélégraphe Caselli* par l'administration française et son établissement sur la ligne de Paris à Lyon. Depuis cette époque, c'est-à-dire en 1867, il a été décidé que le même appareil serait placé également sur la ligne de Marseille à Lyon.

Le 16 février 1865, le public fut admis, pour la première fois, à transmettre des dépêches autographiques entre Paris et Lyon. Une ordonnance ministérielle régla la taxe des dépêches, plans, dessins et figures quelconques expédiés par le *pantélégraphe Caselli*. Cette taxe est calculée d'après la dimension de la surface du papier employé, à raison de 20 centimes par centimètre carré. D'après ce tarif, le prix d'une dépêche est le suivant :

	Pour					
		30	centimètres carrés	......	6	francs.
		60	—	......	12	
		90	—	......	18	
		120	—	......	24	

L'administration des lignes télégraphiques met en vente des papiers métalliques, qui sont destinés aux transmissions autographiques, au prix de dix centimes la feuille, quelle qu'en soit la dimension. Ces feuilles sont de quatre grandeurs : de 30, de 60, de 90 et de 120 centimètres carrés. L'expéditeur peut, en se servant d'une écriture très-serrée, dire beaucoup de choses sur la plus petite des feuilles autorisées ; mais cet avantage est peut-être moins sérieux qu'on ne pourrait le croire au premier abord, car les traits bleus sont toujours légèrement nuageux, comme des traits à la plume sur un papier qui boit ; il y a donc une limite de finesse pour l'écriture des dépêches, qu'on ne saurait dépasser sans rendre la copie illisible.

Mais il est temps d'arriver à la description de cet appareil et à ses merveilleux résultats.

Deux pendules, dont les oscillations sont parfaitement isochrones, sont placés, l'un à la station du départ, l'autre à la station d'arrivée. Ils servent à imprimer un mouvement absolument égal à la pointe traçante qui doit parcourir toute leur surface.

À la station du départ, on écrit, à la plume, la dépêche à transmettre, en se servant d'encre ordinaire et d'un papier argenté. Le papier argenté, portant l'original de la dépêche, est placé sur une tablette courbe de cuivre. Une fine pointe en platine, qui est animée d'un mouvement horizontal, et qui obéit à la pression d'un faible ressort, s'appuie sur la surface de la tablette, et parcourt continuellement cette surface par un mouvement très-rapide. Par suite du mouvement de translation horizontale de cette pointe, tous les points de la tablette sont mis successivement en contact avec la pointe du style. Or, ce style métallique, et par conséquent conducteur de l'électricité, est lié au fil de la ligne télégraphique.

Comme le fond métallique sur lequel la dépêche est écrite est conducteur de l'électricité, tandis que les caractères sont composés d'encre, substance non conductrice de l'électricité, il en résulte que le courant électrique est établi ou suspendu dans le fil de la ligne télégraphique, selon que le style vient se mettre en contact avec le papier métallique de la dépêche ou avec les caractères tracés à sa surface.

On comprend maintenant ce qui va se passer à la station d'arrivée. Là se trouve une tablette de cuivre toute pareille à celle de la station du départ. Sur cette tablette est tendue une feuille de papier ordinaire, contenant un peu de prussiate de potasse. Un style de fer, qui est en communication avec un style tout semblable, par l'intermédiaire du fil de la ligne télégraphique, parcourt, par un mouvement très-rapide, toute la surface de ce papier. Chaque fois que le style de la station du départ rencontre le fond métallique de la dépêche, le courant électrique s'établit, et le style de fer, à la station d'arrivée, imprime un point, une tache sur le papier chimique, parce que le fer du style, sous l'influence de l'électricité, décompose le prussiate de potasse du papier, et laisse une tache bleue, composée de bleu de Prusse, dont l'électricité a provoqué la formation. La réunion de ces points bleus, de ces taches azurées, finit par reproduire tous les traits qui composent la dépêche placée à la station du départ. L'autographe est donc reproduit au moyen d'une multitude de lignes parallèles tellement rapprochées entre elles que l'œil ne saurait les distinguer.

Le difficile en tout cela, c'était d'obtenir une égalité absolue de vitesse entre le mouvement de la pointe traçante qui parcourt la tablette portant la dépêche, à la station du départ, et celui du style qui parcourt la tablette portant le papier chimique à la station d'arrivée. C'est parce que M. l'abbé Caselli a trouvé l'art de rendre isochrones les mouvements de ces deux styles séparés par une énorme distance, que notre heureux physicien a trouvé ce qui semblait la pierre philosophale de la télégraphie électrique.

Après l'explication générale que nous venons de donner, des organes essentiels du pantélégraphe Caselli, il sera plus facile de comprendre les détails de la figure 73, qui donne une vue fidèle de cet instrument, prise au poste central des télégraphes de Paris.

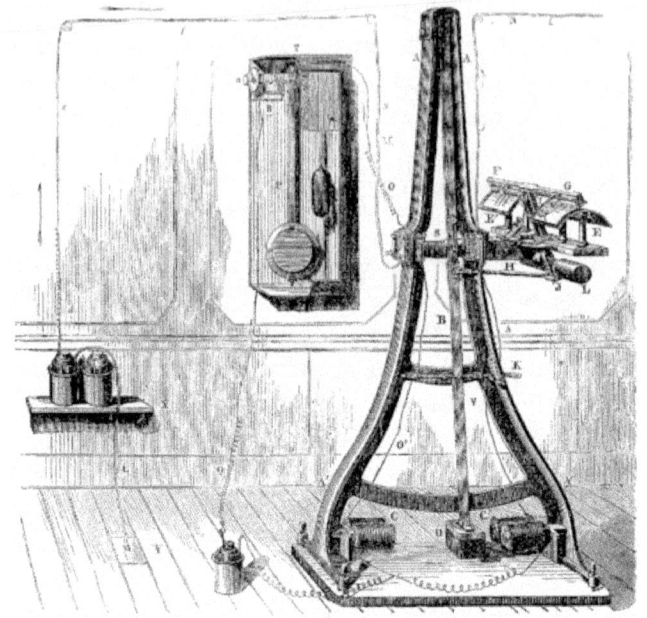

Fig. 73. — Le pantélégraphe Caselli.

Pour comprendre cet appareil, il faut examiner séparément le mécanisme qui provoque le mouvement régulier et isochrone du pendule, et le système électro-mécanique qui permet l'exécution du dessin sur le papier. Nous parlerons d'abord du système qui produit l'isochronisme du pendule.

Entre deux montants de fonte A, A, oscille un pendule BD, de 2 mètres de longueur, et nous n'avons pas besoin de dire que deux appareils identiques fonctionnent, l'un à la station qui envoie la dépêche, l'autre à la station où doit s'inscrire la même dépêche. Ce pendule BD se termine par une masse de fer D, lestée de plomb. Le fer de ce pendule peut être attiré par les deux électro-aimants C, C. L'attraction de ces deux électro-aimants, tel est donc le principe moteur de cet organe. L'oscillation du pendule BD se transmettant à la tige de bois, H, un ensemble de pièces mécaniques assez compliquées E, GFI, que nous décrirons tout à l'heure, détermine la marche régulière du style métallique, ou pointe traçante, sur toute la surface de la plaque E.

Mais avant d'expliquer ce mécanisme, il importe de dire par quel moyen les mouvements du pendule BD sont rendus parfaitement isochrones avec ceux du pendule semblable placé à la station opposée. Cet isochronisme a été obtenu par M. Caselli, après bien des tâtonnements, en se servant d'une horloge ordinaire, dont le balancier vient interrompre, à des intervalles parfaitement égaux, le courant de la pile qui se rend aux électro-aimants et provoque les oscillations du pendule BD.

L'horloge T est munie d'un balancier P. Le fil partant d'une pile voltaïque dont on n'a représenté qu'un seul élément sur la figure, aboutit à un petit levier métallique, que l'on voit au-dessous du point R, et qui se trouve en contact avec la tige P du balancier de l'horloge, pendant son mouvement d'oscillation. La tige P de ce balancier étant quatre fois plus courte que la tige BD du pendule électro-magnétique, ce balancier, d'après la loi physique qui régit les oscillations du pendule,[1] décrit deux allées et venues, pendant que la tige du pendule BD en décrit une seule. Dès lors la tige P du balancier exécutant quatre oscillations, tandis que celle du grand pendule n'en exécute que deux, la tige de ce balancier P peut établir et interrompre le courant électrique, à chaque demi-oscillation du pendule électromagnétique BD.

Dans l'état ordinaire, le courant électrique, suivant le fil Q, continue sa marche par le fil O, la pièce métallique S, et se rend, par le fil O', à l'électro-aimant C, lequel attire la masse de fer du pendule D. Mais le balancier de l'horloge T, vient en soulevant, au point R, le fil conducteur Q, interrompt, pour un instant, le passage du courant. Dès lors, l'électro-aimant C n'étant plus parcouru par l'électricité, celui-ci devient inerte, le pendule D s'en détache et tombe de son propre poids. Dans l'intervalle du temps qui suit, la continuité du courant, amené par le fil Q, est rétablie par le départ du balancier de l'horloge, qui ne soulève plus ce fil au point R, et un commutateur, placé à l'intérieur de la pièce métallique S, fait passer le courant dans le fil V, qui le dirige dans l'électro-aimant C'. Ainsi parcouru par l'électricité, cet électroaimant C' attire la masse métallique D, qui venait tout à l'heure de retomber par son propre poids, et lui fait exécuter une demi-oscillation, qui complète son

---

1 La vitesse des oscillations d'un pendule est en raison inverse du carré de la longueur de ce pendule.

mouvement d'allée et venue.

Toutes ces actions se répétant, c'est-à-dire le balancier P de l'horloge T interrompant le contact au point R, et venant ainsi désaimanter successivement les bobines C et C', entretient le mouvement oscillant et régulier du pendule électrique BD.

La manivelle K sert à *mettre en prise*, c'est-à-dire à établir à l'aide d'un contact particulier, la continuité dans tout ce système de communication de corps conducteurs.

Ainsi, c'est le balancier P de l'horloge T qui communique au pendule BD ses oscillations régulières, lesquelles se transmettent, par la tige de bois H, au système mécanique qui détermine la progression du style, ou pointe traçante, sur le plateau courbe destiné à expédier et à recevoir la dépêche.

Pour que les deux appareils placés, l'un à la station du départ, l'autre à la station d'arrivée, fonctionnent avec un isochronisme absolu, il faut donc que les deux horloges placées aux deux stations marchent avec un mouvement d'une identité pour ainsi dire mathématique. Ces deux horloges ont été construites parfaitement semblables dans toutes leurs parties, et elles marchent ensemble avec un parfait accord. Cependant, malgré cet accord des deux chronomètres, leurs balanciers ne pourraient jamais osciller d'une manière vraiment isochrone, et imprimer à l'appareil un mouvement identique, s'il n'existait pas un moyen de les mettre encore plus d'accord, c'est-à-dire de les régler l'une et l'autre d'une manière parfaitement identique.

Cet accord absolu des oscillations du balancier P, était un problème mécanique extrêmement difficile. M. Caselli l'a résolu par un moyen nouveau et très-ingénieux. Près du point R, il a placé un petit arrêt, ou *butoir*, que l'on manœuvre au moyen d'un pas de vis réglé par un bouton et un cadran a : en tournant le bouton et l'aiguille du cadran, on place ce butoir, ou arrêt, contre lequel vient heurter le pendule, à des distances identiques sur les appareils de l'une et de l'autre station ; et dès lors, l'isochronisme absolu du mouvement du pendule P de l'horloge T, qui commande les mouvements du pendule électro-magnétique BD, et par suite celui du plateau courbe E, se trouve parfaitement assuré.

Il faut maintenant expliquer en détail ce dernier système

mécanique, c'est-à-dire le jeu de la pointe traçante, sur la plaque E. Pour expliquer ce mécanisme, nous représentons sur une plus grande échelle (fig. 74} la partie EG, en conservant les mêmes lettres que dans la figure précédente.

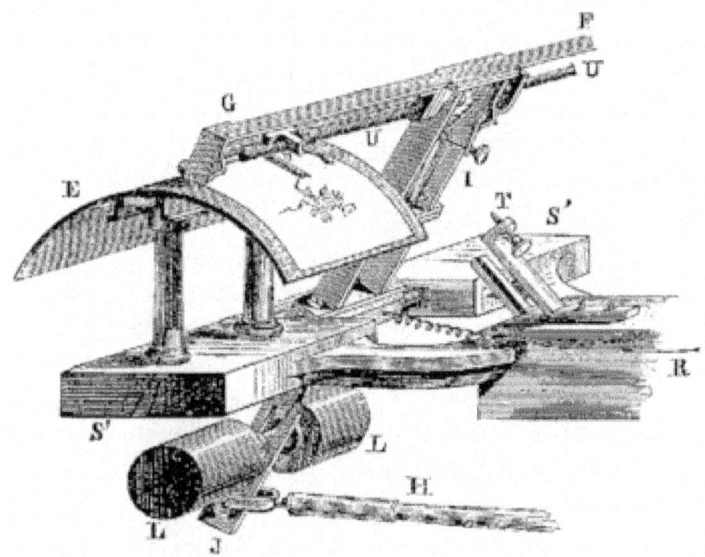

Fig. 74. — Récepteur du pantélégraphe Caselli.

E, représente un plateau métallique courbe, sur lequel on fixe, à la station du départ, le papier métallique destiné à recevoir la dépêche de l'expéditeur, et qui doit se reproduire sur le plateau semblable, à la station d'arrivée. Sur un même appareil ces plateaux (E, E' de la figure 73) sont au nombre de deux dans chaque station, ce qui permet d'expédier deux dépêches à la fois avec un seul fil ; mais, comme ils sont identiques, nous n'en décrirons qu'un seul.

Ce plateau métallique courbe, E (fig. 74) doit être parcouru sur sa surface tout entière par le style. Il faut pour cela que le style exécute deux mouvements simultanés : il faut qu'il suive la courbe du plateau E, d'une extrémité à l'autre ; et qu'en même temps, il trace des lignes successivement parallèles tout le long de ce même plateau. Voici comment est réalisé ce double mouvement de la pointe traçante. La tige de bois H, mue par le pendule électrique (voir la figure 73), au moyen de l'articulation J, fait basculer le levier JI, autour de son point d'appui. Un double contre-poids circulaire LL, sert à équilibrer la masse de ce levier, de la vis U et de la règle GF, afin que le centre de gravité du système oscillant tombe au point de suspension de ce même système, à la manière du fléau d'une balance, disposition qui lui donne une grande mobilité, et facilite son déplacement par la plus petite force. Les impulsions successives que reçoit le levier I, par l'intermédiaire de la tige de bois H et de l'articulation J, qui se transmet au levier I, produisent donc le mouvement curviligne de la pointe traçante, dans le sens de l'arc de cercle du plateau courbe E.

Quant au mouvement de translation du même style, il est réalisé à l'aide d'une longue vis taraudée, portée par une règle FG, et pourvue d'une roue à rochet à douze dents, qui est fixée au noyau de la vis. À chaque demi-oscillation du levier I, cette roue tourne d'une certaine quantité, et la pointe traçante se déplace horizontalement d'une quantité proportionnelle. Grâce à ce double mouvement, la pointe traçante parcourt successivement la surface entière du plateau courbe E.

Plaçons maintenant sur la ligne télégraphique l'appareil qui vient d'être décrit et voyons comment le courant électrique, traversant le *pantélégraphe*placé à la station du départ, va agir en suivant le fil conducteur qui réunit les deux stations sur l'appareil de la station opposée, où doit s'inscrire la dépêche.

X (*fig.* 73) est la pile du poste télégraphique : elle est composée, pour la ligne de Paris à Lyon, d'environ cinquante éléments de Daniell : mais on n'a représenté que deux de ces éléments. L'électricité positive, fournie par cette pile, suit le fil *de*, d'une part, et d'autre part le fil L, pour se perdre dans la terre, au moyen de la plaque conductrice Y. Parcourant le fil *defg* dans le sens que représentent les flèches, cette électricité suit un conducteur placé à l'intérieur de la pièce métallique S, et grâce à la continuité des pièces métalliques, elle vient aboutir à la pointe traçante du plateau courbe E, lequel parcourt successivement, comme nous l'avons expliqué, tous les points de la surface de ce plateau.

La dépêche que l'on veut transmettre à l'appareil de la station d'arrivée a été préalablement écrite ou dessinée, sur une feuille d'étain, à l'aide d'encre ordinaire. Tant que la pointe du style ne rencontre sur son chemin que la surface conductrice de la feuille d'étain sur laquelle a été inscrite ou dessinée la dépêche, le courant électrique qui a suivi la ligne *defg* et delà le plateau circulaire E, continue son chemin le long du fil *h*, et, grâce à la continuité du bâti métallique AA′, elle s'écoule librement dans le sol ; de telle sorte que le courant circule continuellement dans l'appareil, et se perd dans la terre par le fil *h*. Mais lorsque le style arrive sur les parties qui ont reçu le dessin, et qui sont recouvertes d'encre grasse, substance non conductrice de l'électricité, l'écoulement dans le sol est fermé au courant, lequel dès lors s'élance, par le conducteur *jk*, dans le fil de la ligne, et va aboutir au *pantélégraphe* placé à l'autre poste télégraphique. Parvenue sur le plateau courbe E du*pantélégraphe* de la station d'arrivée, l'électricité positive rencontre le papier chimique qui est étalé sur ce plateau courbe. Ce papier a été trempé d'avance dans une dissolution de cyanoferrure de potassium et de fer. Le courant d'électricité positive, conduit par la pointe métallique, décompose ce sel, et forme sur le papier une tache de bleu de Prusse. On voit alors apparaître sur le papier chimique qui recouvre le plateau E, une série de traits bleus, qui reproduisent d'une manière identique, les parties encrées qui ont été touchées par le style sur la dépêche placée à la station du départ. Quand le style, ayant parcouru toutes les parties encrées de l'original placé à la station du départ, ne rencontre plus d'encre grasse, l'électricité ne passe plus dans le fil de la ligne, et continue à s'écouler dans le sol.

La dépêche originale est reproduite sur le papier chimique placé à la station d'arrivée, en caractères qui présentent à peu près la forme suivante.

Le poinçon, ou style traçant, met deux minutes à accomplir les mouvements de va-et-vient qui sont nécessaires pour rayer toute la surface métallique accordée à une dépêche, et qui est, comme nous l'avons dit, de 30 centimètres.

Tel est le merveilleux appareil dû à la patience et à la sagacité du savant abbé florentin, et qui constitue assurément une des plus grandes merveilles de la mécanique et de l'électricité.

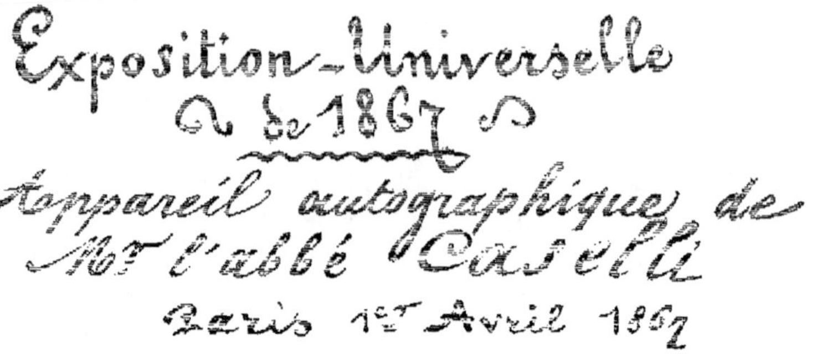

Fig. 75. — Exemple d'écriture du pantélégraphe Caselli.

Le *pantélégraphe* Caselli, qui reproduit avec une exactitude suffisante, tous les signes de l'écriture et du dessin, avait été proposé pour transmettre l'écriture, ainsi que des *fac-simile* de dessin. Mais ce dernier objet, s'est trouvé sans utilité dans la pratique. C'est à peine si quelques modèles de dessins de fabrique ont été expédiés de Lyon à Paris, depuis l'ouverture du service public de cet appareil. Le pantélégraphe aurait pu servir à un autre usage : à expédier sur une même dépêche, un texte un peu long, attendu que la surface de 30 centimètres carrés peut recevoir quelques centaines de mots parfaitement lisibles, qui ne coûteraient que 6 francs, prix ordinaire de la dépêche du pantélégraphe, et coûteraient beaucoup plus cher, si on les expédiait par le télégraphe Morse, au prix de 2 francs la dépêche de vingt mots. Mais le public n'a pas été tenté par ce calcul, sans doute en raison de l'ennui ou de la difficulté que présente l'inscription avec une encre épaisse de la dépêche originale sur le papier d'étain, engins quelque peu difficiles ou embarrassants à manier quand on n'en a pas l'habitude ou qu'on est pressé.

Quel est donc l'emploi auquel ce *pantélégraphe* est consacré ? Il s'est attiré la préférence des négociants par la certitude de transmettre les chiffres, sans erreur possible de la part des employés. Sur 4 860 dépêches qui ont été échangées entre Paris et Lyon, en 1866, 4 853 avaient pour objet des opérations de bourse. Ici, on le comprend, l'exactitude absolue dans la transmission des chiffres, est une condition fondamentale. L'homme d'affaires, l'homme de bourse, consent facilement à payer 6 francs au lieu de 2 francs une dépêche qu'il écrit de sa propre main, et qui porte, avec sa signature et son paraphe, l'énoncé exact des sommes et des chiffres qu'il veut transmettre à son correspondant.

Une anecdote, fournie par la chronique télégraphique, viendra ici à point, tant pour terminer un chapitre quelque peu épineux de descriptions mécaniques, que pour appuyer la considération qui précède.

Un négociant d'une de nos villes de département avait expédié à un agent de change de Paris, une dépêche télégraphique ainsi conçue :

Les actions de la Banque monteront, sans doute, à la bourse de demain. Achetez-m'en trois. Mille amitiés. Blanchard.

L'employé du télégraphe supprima, par distraction, un point de la troisième phrase, et la dépêche adressée à l'agent de change, devint :

Les actions de la Banque monteront, sans doute, à la bourse de demain. Achetez-m'en trois mille. Amitiés. Blanchard.

Au lieu de trois actions, l'agent de change, bien qu'un peu surpris de l'extension des affaires de son correspondant, en acheta trois mille. Heureusement pour notre spéculateur, la hausse prévue arriva ; si bien qu'au lieu d'un bénéfice de trente à quarante francs, il encaissa une différence énorme. Mais que serait-il arrivé, si, au lieu de monter, les actions de la Banque avaient baissé à la Bourse ? Qui aurait été responsable de la perte ? L'agent de change ou l'administration du télégraphe ? Question épineuse, qui n'eut pas heureusement à être soulevée,

Cette histoire prouve que, pour expédier un ordre de vente ou d'achat, soit pour la spéculation, soit pour les besoins du commerce, il est bon de se prémunir contre une erreur possible de l'employé du télégraphe. Voilà pourquoi le *pantélégraphe* Caselli devra toujours tenir son rang et sa place, dans un service général de télégraphie bien organisé.

CHAPITRE VIII

LES ACCESSOIRES DE LA TÉLÉGRAPHIE ÉLECTRIQUE. — LES RELAIS. — LES SONNERIES. — LES PARATONNERRES. — LA PILE ET LE COMMUTATEUR DE LA PILE. — LES FILS ET LES POTEAUX.

Après la description des appareils les plus employés dans la télégraphie électrique, il nous reste à parler des instruments accessoires qui concourent à l'exécution des signaux et assurent la régularité de leur transmission. Ces instruments accessoires sont :

1° Les *relais* pour renforcer, dans certains cas, l'intensité du courant électrique ;

2° Les *sonneries*, destinées à appeler l'attention de l'employé, d'une station à l'autre, à lui annoncer l'expédition d'une dépêche, ou à lui transmettre toute autre indication convenue ;

3° Le *parafoudre*, instrument de physique qui a pour effet de mettre les appareils et les employés à l'abri des effets dangereux de l'électricité atmosphérique ;

4° La *pile*, destinée à fournir l'électricité au fil de la ligne ;

5° Les *fils conducteurs* et les *poteaux* destinés à servir de support aux fils.

Relais. — Le *relais télégraphique* est une invention de M. Wheatstone, qui a permis de prolonger les lignes sur une étendue considérable. Lorsqu'un courant électrique doit traverser un très-long circuit, par exemple la distance de Paris à Lyon, les pertes d'électricité qui arrivent tout le long de ce fil, par suite d'un isolement incomplet des poteaux télégraphiques, ou par toute autre cause, peuvent singulièrement affaiblir ce courant, et lui enlever l'intensité qui lui est nécessaire pour mettre en action l'électro-aimant de l'appareil récepteur, placé à la station d'arrivée. Le télégraphe Morse, qui exige une assez grande intensité dans le courant électrique, est particulièrement dans ce cas ; il fonctionne difficilement au bout d'une longue ligne. Il faudrait beaucoup augmenter le nombre des éléments de la pile, pour donner au courant toute l'énergie nécessaire à son bon fonctionnement. Mais cette augmentation de la force productrice de l'électricité aurait des inconvénients de plus d'un genre. La découverte des *relais* est venue résoudre cette difficulté de la manière la plus avantageuse et la plus simple.

On met en rapport avec le récepteur du télégraphe Morse, une pile supplémentaire, ou *locale*, qui a pour mission de produire l'aimantation dans le récepteur du télégraphe ; de telle sorte que ce n'est plus le courant de la ligne, mais le courant local placé à Lyon, par exemple, qui fait marcher les pièces du récepteur. Le *relais* proprement dit n'est autre chose que l'appareil destiné à mettre le courant de la pile locale en communication, quand cela est nécessaire, avec le récepteur. Le nom donné à cet appareil est d'ailleurs bien choisi, car, semblable à un relais de poste, il relaye en quelque sorte le courant qui parcourt la ligne télégraphique, et, suppléant à son action sur une partie du trajet, il permet à ce même courant d'aller exercer plus loin son action physico-mécanique.

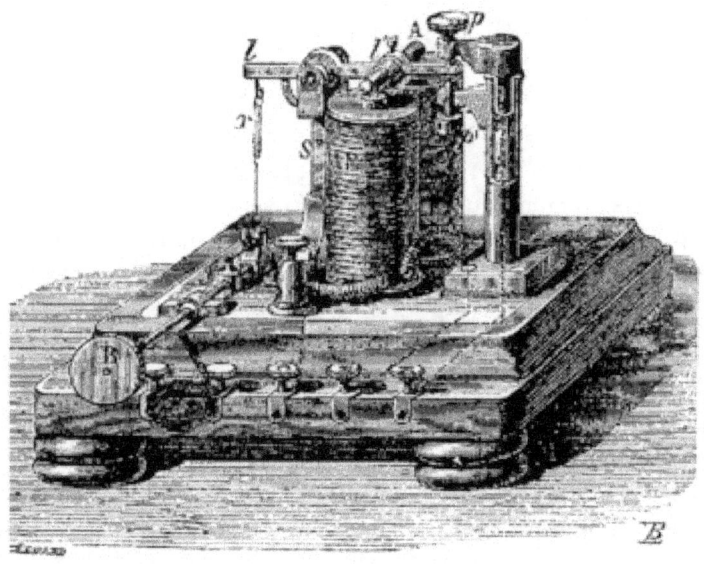

Fig. 76. — Relais.

La figure 76 représente le relais dont on fait usage pour faire fonctionner le récepteur de l'appareil Morse, E est un électro-aimant, pourvu d'une armature A et d'un levier *ll'*, *r* est le ressort destiné à relever, comme dans le récepteur du télégraphe Morse, l'armature A, lorsqu'elle n'est plus attirée par l'électro-aimant E.

Ce ressort est tendu d'une manière convenable, c'est-à-dire réglé par l'employé, de manière à exercer plus ou moins de pression, au moyen du bouton B, attaché à une vis sans fin, laquelle fait avancer ou reculer la pièce *f*, munie d'un fil de soie qui tire le ressort *r*. Les vis *p*, *p'* servent à régler la course de l'armature A. Ces vis sont portées et séparées l'une de l'autre par une colonne métallique creuse, *ii*, dans laquelle on a interposé un cylindre d'ivoire, matière isolante. Pour que l'électricité circule dans tout le système, il faut donc que la vis *pp'* vienne toucher le levier *ll'* de manière à établir une continuité métallique.

Sous l'influence du courant qui, parcourant la ligne principale, arrive par un fil conducteur au bouton K, situé à droite, sur le support de bois de l'appareil, et qui fait fonctionner l'électro-aimant E, l'armature A est attirée quand le levier *ll'*, attaché à cette armature, vient toucher la vis *pp'* qui sert de *pièce de contact*. Dès lors le courant de la pile locale, qui arrive par le bouton C, se trouve établi, et se dirige par le bouton R, dans le récepteur de l'appareil Morse qu'il va mettre en action.

Ainsi, le levier *ll'* du relais reproduit le mouvement semblable du levier du récepteur du télégraphe Morse, et le courant envoyé et maintenu, un temps plus ou moins long, de la station du départ dans le relais, produit sur la bande de papier de ce récepteur, des traits de longueur correspondante.

On comprend que, si un appareil semblable est placé sur la ligne de Lyon à Marseille, le courant parti de Paris ne serve point à faire agir directement le récepteur du télégraphe Morse, mais seulement à mettre en action le relais, lequel, grâce à la pile locale avec laquelle il est en rapport, se charge de faire marcher les pièces de l'appareil Morse. Le courant principal qui, dès lors, ne s'est point affaibli, puisqu'il n'a servi qu'à mettre en action le relais, conservera toute l'intensité suffisante lorsqu'il s'agira de franchir tout d'un trait la distance de Paris à Marseille.

Sonneries. — Les sonneries sont placées dans les bureaux des postes télégraphiques, et le fil conducteur qui aboutit à leur mécanisme, est intercalé dans le circuit de la ligne télégraphique. Le timbre de ces sonneries est mis en jeu par le courant électrique, qui part du poste correspondant. Le tintement de ce timbre annonce à l'employé du télégraphe qu'il doit s'apprêter à recevoir une dépêche.

La sonnerie qui est le plus en usage dans les bureaux télégraphiques, est la *sonnerie à trembleur*. Un timbre T (*fig*. 77), est fixé à la partie supérieure d'une boîte en bois, et reçoit les chocs d'un petit marteau *m*, qui peut le frapper sous l'influence du courant électrique de la ligne, et grâce aux dispositions que nous allons indiquer.

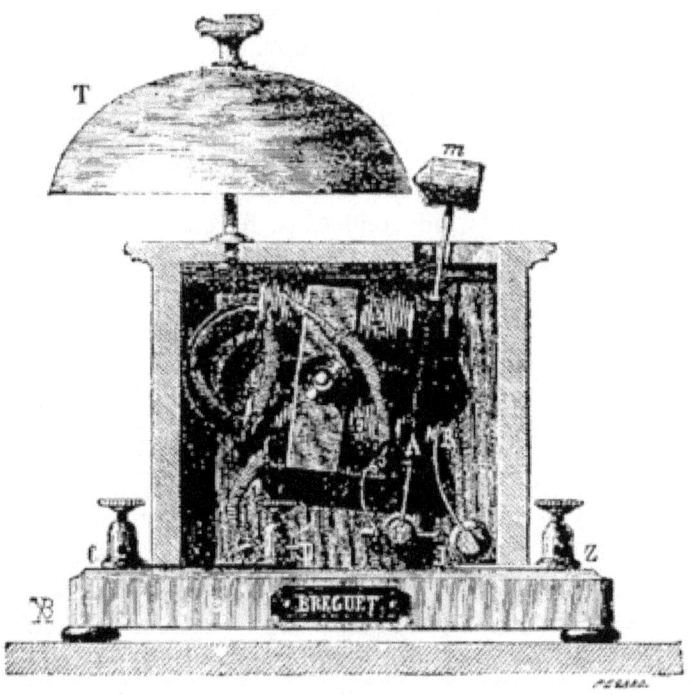

Fig. 77. — Sonnerie à trembleur.

Au moyen d'un fil conducteur attaché au bouton C, le courant de la ligne télégraphique suit la lige métallique CD, et parcourt toutes les spires de l'électro-aimant E, lequel est suspendu au milieu de la boîte, au moyen d'une pièce de bois un peu inclinée et d'un écrou. Après avoir suivi les fils de l'électro-aimant, le même courant passe par le bouton F et la tige FA, c'est-à-dire le manche du marteau *m*.

De là, grâce à un contact métallique formé de deux petits boutons en saillie, placés d'une part, au point A sur le manche du marteau, d'autre part au point R sur une lame de ressort d'acier RJ, ce courant s'échappe par la voie qui lui est offerte par la tige RJ. Suivant enfin la bande de cuivre JZ, le courant retourne au conducteur de la ligne télégraphique, au moyen d'un fil attaché au bouton Z.

On comprend tout de suite comment l'électricité peut mettre en jeu le marteau *m*, lorsqu'on met cet appareil en communication avec le fil télégraphique, au moyen d'un fil métallique attaché au bouton C, ou d'une manivelle appliquée à ce point. Le courant électrique arrivant dans l'électro-aimant E, attire la tige A du marteau, qui est en fer pur, et qui peut osciller autour de son point d'appui F. La tête *m* du marteau vient ainsi frapper le timbre T. Mais la tige AF s'étant déplacée, tout aussitôt le contact R n'existe plus, et la conductibilité métallique étant rompue, le courant de la ligne cesse de passer dans l'appareil. Ainsi l'électro-aimant E devient inactif ; il cesse d'attirer le manche du marteau A, qui retombe sur le ressort R. Ce contact rétablit de nouveau le circuit voltaïque ; et le marteau *m* est de nouveau lancé contre le timbre T.

Ces effets alternatifs se produisant successivement avec rapidité, le marteau A*m* reçoit un mouvement continuel d'oscillation ou de tremblement, qui dure tant que l'on fait passer dans l'appareil le courant de la ligne.

L'ingénieux instrument qui vient d'être décrit, est dû au physicien allemand Neef ; on le désigne sous le nom de *trembleur de Neef*. Ce n'est pas seulement pour les sonneries des postes télégraphiques que le *trembleur de Neef* a reçu une application directe ; beaucoup d'appareils de physique ont recours à cet instrument, qui n'exige, pour être mis en action, qu'un courant électrique d'une faible intensité.

Outre la *sonnerie trembleuse*, on emploie dans les postes télégraphiques, la *sonnerie à rouage*. C'est un appareil plus compliqué, parce qu'on y fait usage d'un mouvement d'horlogerie et d'un ressort pour pousser le marteau contre le timbre. La force n'est donc pas communiquée au marteau par l'aimantation artificielle, due au courant électrique, comme dans la *sonnerie à trembleur* : tout le rôle de l'électricité se réduit à déplacer d'une petite quantité, un levier qui retenait l'échappement d'un rouage d'horlogerie, et qui, rendant libre cet échappement, fait partir le marteau. Un petit électro-aimant pourvu d'une armature, voilà tout le système électrique de cet appareil ; le reste ne se compose que des pièces mécaniques qui, dans les horloges ordinaires, servent à faire frapper le marteau contre le timbre de la sonnerie.

La figure 78, sur laquelle on a représenté à part l'appareil électrique, et la figure 79, qui représente le mouvement d'horlogerie, feront comprendre le jeu de cet instrument.

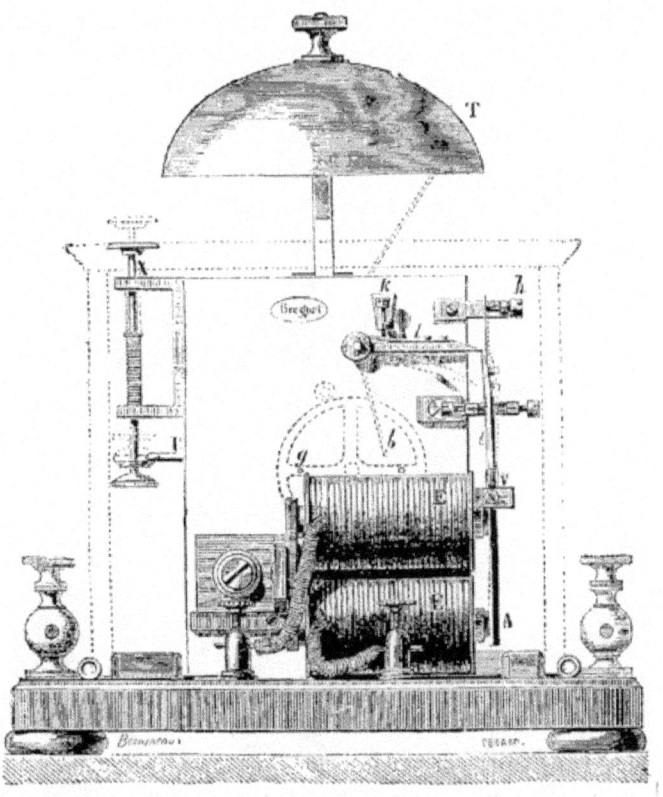

Fig. 78. — Sonnerie à rouage (organes électriques).

EE (*fig.* 78) est l'électro-aimant. Quand on touche le bouton qui doit faire retentir la sonnerie, l'électricité qui parcourt le fil de la ligne, passe dans les bobines de cet électro-aimant, et attire leur armature de fer, AV. Or cette armature AV se termine par une tige t, qui n'est qu'un ressort plat venant buter, par sa pointe, contre un levier *l*, pressé lui-même par un ressort, dont la vis *k*règle la force. Quand l'armature AV, qui reposé au point d'appui V et peut basculer sur ce point d'appui, est attirée par l'électro-aimant, le ressort *t*s'écarte du levier *l*, qui, poussé par le petit ressort qui le surmonte, décroche le mouvement d'horlogerie, et tout aussitôt ce mouvement d'horlogerie fait battre le marteau contre le timbre T.

La figure 78, qui représente, comme nous venons de le dire, la partie électrique de l'appareil, est placée à la face postérieure de la boîte. Sur sa face antérieure est le mouvement d'horlogerie, destiné à faire agir le marteau.

La figure 79 montre cette dernière partie, qui n'est qu'un assemblage de roues d'horlogerie, mises en marche par un ressort dont la clef de remontage se voit en B.

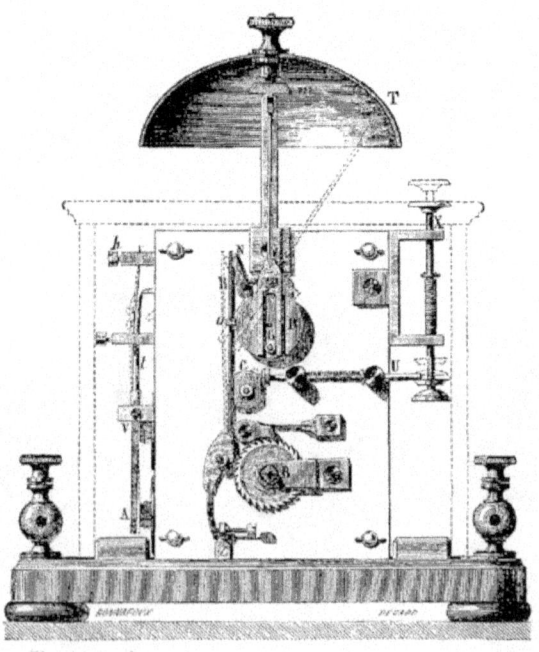

Fig. 79. — Sonnerie à rouage (organes mécaniques).

On retrouve en coupe, à gauche de cette figure, les organes électriques que nous venons de décrire, c'est-à-dire l'armature AV, la tige, ou ressort *t*, qui lui fait suite, enfin le contact de ce ressort et du levier qui doit se déplacer par le mouvement de l'armature, pour laisser agir les rouages d'horlogerie.

Ces rouages fonctionnent comme il suit : B est la clef de remontage, c'est-à-dire l'axe du barillet du ressort moteur ; D, un disque qui porte un galet G, placé excentriquement. C'est ce galet G qui, glissant dans une rainure pratiquée à la tige du marteau *m*, fait osciller ce marteau à droite ou à gauche, et lui fait frapper le timbre T.

Le rouage qui fait tourner ce disque, est mis en mouvement lorsque, l'armature AV ayant été attirée, le levier *l* (*fig.* 78) a été rendu libre. Alors la pièce N (*fig.* 79) pousse un ressort R et décroche l'arrêt *a*, par lequel seul était retenu le rouage. Si l'on se reporte à la figure 78, on verra qu'une des roues, marquées en pointillé, porte sur sa circonférence, une goupille *g*, laquelle, dans le mouvement du rouage, vient soulever un bras *b* porté sur l'axe commun du levier *l* et de la pièce N, ce qui a pour effet de remonter le levier *l* et de le remettre en prise sur la tige de l'armature. Dès lors, le courant électrique traversant de nouveau les bobines et les aimantant, l'armature est de nouveau attirée, et le battement du marteau contre le timbre recommence, grâce au jeu des mêmes organes.

Il reste à expliquer la fonction de la pièce X, qui est représentée à droite de la figure 79. Cette pièce est ce que l'on appelle dans les bureaux télégraphiques, le *répondez*. Il peut arriver que la sonnerie ayant retenti, la personne qu'elle est destinée à appeler, soit absente ou n'entende pas. Il convient alors qu'un signe très-apparent se produise sur l'appareil, et y persiste, afin de montrer à l'employé qu'il a été appelé pendant son absence.

Le plus souvent, il y a dans un poste plusieurs sonneries ; le signe dont nous parlons sert donc aussi à distinguer quelle est celle des sonneries qui appelle.

La tige X (fig. 79) est, en temps ordinaire, retenue par sa partie inférieure, sous la pièce U, qui la maintient abaissée dans la position qu'indique la figure ; mais, quand le disque D se met à tourner, l'arrêt a entraîné la tête de la pièce U et décroche la tige X du *répondez*. Par l'action du ressort à boudin qui la presse, cette tige s'élève hors de la boîte de la sonnerie, dans la position figurée en pointillé, et elle demeure en cet état au dehors. L'employé est ainsi averti qu'il a à répondre.

Parafoudres. — On donne ce nom à des appareils, plus ou moins simples, qui sont destinés à prévenir les effets fâcheux des orages, ou simplement de l'électricité existant à l'état libre dans l'atmosphère.

Les perturbations que l'électricité météorique peut introduire dans le jeu des appareils télégraphiques, ne sont vraiment graves qu'au moment d'un orage. Par un ciel serein, l'électricité répandue dans l'air n'exerce aucune action fâcheuse sur les instruments. Seulement, si le vent vient brusquement à changer, il s'établit un courant qui influence faiblement le conducteur ; dès lors l'appareil parle, c'est-à-dire que les signaux, subitement mis en jeu, exécutent, pendant quelques instants, de brusques oscillations. Si le ciel est couvert et les nuages fortement électrisés, quand le vent vient à les chasser dans la direction du fil, ces nuages agissent sur le conducteur, et les signaux se mettent encore en branle. Dans ces deux cas, cependant, ces effets n'ont rien de fâcheux ; ils ne peuvent aucunement troubler le service, car les employés tiennent aisément compte de ces perturbations passagères.

Mais si la foudre éclate, si une décharge électrique vient à frapper le sol, le fil métallique du télégraphe offrant à l'écoulement de l'électricité un passage facile, le conducteur peut être foudroyé. Quels sont les effets de ce coup de foudre ? Quelquefois le fil du télégraphe est rompu, les communications sont alors interceptées entre les deux stations ; mais ces événements sont extrêmement rares, le conducteur étant d'un trop fort diamètre pour être aisément fondu. Dans tous les cas, si le fil est fondu, il ne l'est jamais que sur quelques points de sa continuité et tout se borne à cette rupture. Le plus souvent la foudre, en frappant le conducteur, n'a d'autre effet que de fondre, à l'une des stations télégraphiques, le fil très-fin qui s'enroule autour de l'électro-aimant, c'est-à-dire de l'appareil qui forme les signaux ; alors les communications sont arrêtées.

Quand la foudre vient frapper un conducteur, tout le dommage est habituellement supporté par les poteaux. Ils sont renversés ou mis en pièces. Le 17 août 1849, sur la ligne de Vienne, un orage qui avait éclaté à Ollmütz se propagea jusqu'à Triebitz, c'est-à-dire à une distance de 10 kilomètres : un ouvrier occupé à cette station, à monter les fils, ressentit une douleur qui le renversa, et il éprouva une véritable brûlure aux doigts qui avaient touché le métal.

Le 25 août de la même année, par suite d'un autre orage à Ollmütz, l'électricité, conduite par les fils du télégraphe, foudroya un support, aux environs de Brodek. Une partie du courant s'échappa dans le sol, le long de ce support ; une autre partie fila jusqu'à Prague. On put s'en assurer par l'inspection du conducteur dont l'extrémité était fondue.

Dans la nuit du 18 au 19 juin 1849, un violent orage éclata entre Brünn et Reigen ; la foudre brisa complètement deux supports et en endommagea neuf autres.

Le 9 juillet, la foudre anéantit trois poteaux situés entre Kindberg et Krieglach, dans la Styrie, et respecta le conducteur.

C'est encore aux environs de Kindberg que le tonnerre détruisit les supports télégraphiques le 19 juillet 1850. Les ouvriers occupés à proximité éprouvèrent un éblouissement, et l'on observa, à l'extrémité d'un des fils situés le long d'un poteau, une aigrette lumineuse. Ainsi, dans ces divers cas, les poteaux de bois avaient seuls supporté les effets de la décharge électrique.

Cependant l'événement a prouvé que la foudre, conduite par les fils conducteurs, peut pénétrer dans l'intérieur d'une station télégraphique, et y provoquer des dommages d'une certaine gravité. Un fait de ce genre fut observé le 21 juin 1853, sur la ligne télégraphique de Poitiers à Tours. Le *Journal de Châtellerault* a donné sur ce sujet les détails suivants :

« Mardi 21 juin, vers 3 heures de l'après-midi, la foudre, dont les éclairs et les détonations étaient à la fois si intenses et si rapprochés, est tombée entre Ingrande et Châtellerault.

« C'est sur l'un des ponts du chemin de fer, le plus rapproché de la station d'Ingrande, que s'est fait sentir la plus forte commotion. Ces ponts sont construits en pierre, en fer et en bois. Chaque culée ou butée est formée par une maçonnerie très-solidement établie en pierre dure de Chauvigny, avec de petits parapets de couronnement, dont les pierres cubent 75 centimètres. Entre ces culées se trouve jeté un tablier de fonte surmonté de deux rampes faisant l'office de garde-fou.

« Projetée sur ces conducteurs métalliques, la foudre s'est rendue dans les postes télégraphiques. Celui de la station d'Ingrande, qui n'était distant que d'environ 800 mètres du foyer de l'explosion, a été violemment atteint. Les employés avaient quitté la salle et s'étaient réfugiés à l'étage supérieur de la station, lorsque tout à coup une détonation semblable à celle d'un coup de pistolet se fit entendre et remplit l'air et les appartements de fumée, en ébranlant toute l'habitation.

« La foudre, amenée dans l'intérieur du poste par les fils conducteurs, avait brisé ceux-ci, et,rencontrant des fils plus fins à mesure qu'elle se rapprochait de l'appareil télégraphique, elle les avait brûlés en mettant tout d'abord en fusion les petits fils faisant office de paratonnerre, et isolés à l'intérieur de cylindres de verre ; les boussoles furent cassées, une aiguille fondue, et les bobèches sur lesquelles sont enroulés les fils de fer entortillés de fils de soie furent brûlées.

« Pendant que tous ces événements se passaient au pont et à la station d'Ingrande, voici ce qu'éprouvait, de son côté, le poste télégraphique de Châtellerault. Dans le même moment, et presque à la même heure où le tonnerre grondait si fort, les employés étaient occupés à faire passer une dépêche, lorsque l'un d'eux, très-expérimenté, reconnut, à certains pétillements de l'appareil, qu'il y avait une surcharge d'électricité. « Retirons-nous, Messieurs, s'écria-t-il, il pourrait y avoir du danger. »

« À peine étaient-ils sur le seuil de la porte, qu'une détonation violente avec production de flamme se fit entendre. On regarde, et l'on constate que l'appareil télégraphique est brisé, son paratonnerre brûlé, les cylindres de verre sont jetés à distance. Chose remarquable, l'électricité avait laissé la trace de son passage sur le mur en ligne droite, en enlevant le papier par ricochets et en sens opposé des autres conducteurs, restés intacts et dans une direction qui était celle du calorifère du cabinet.

« Enfin, quatre des poteaux de sapin servant de supports aux lignes télégraphiques, et qui étaient voisins du pont d'Ingrande, ont été renversés, l'un d'eux tordu sur lui-même et les trois autres brisés en éclats, déchirés avec torsion des fibres ligneuses sur elles-mêmes et jusqu'au centre de l'arbre résineux. »

Un accident du même genre fut observé, le 9 juillet 1855, sur la ligne de Paris à Orléans. La décharge électrique se fit sur les fils télégraphiques de Paris à Orléans, à 400 mètres environ de la station de Château-Gaillard, vers Artenay, à 7 kilomètres de la ferme de la Grange, qui fut incendiée au même instant par la foudre. Trois poteaux furent brisés, et les supports de porcelaine des fils volèrent en éclats sur la voie. L'électricité suivant les fils, entra dans le bureau du chef de gare, avec une explosion terrible. Son cours fut arrêté par le paratonnerre, dont elle noircit et émoussa les dentures, sans pourtant les endommager. Les aiguilles des deux boussoles furent mises hors de service. Le cantonnier ressentit dans sa maison, située à peu de distance, une violente commotion ; et il assura avoir vu un globe de feu tomber sur les fils. Il fallut remplacer les poteaux de la ligne et les boussoles de la station.

Pendant un orage arrivé au mois de mai 1866, des dégâts sérieux furent commis dans plusieurs bureaux télégraphiques des différentes lignes avoisinant Paris. Dans la salle des piles du poste central des télégraphes de Paris, on voyait des étincelles électriques jaillir des nombreux conducteurs qui remplissent cette salle. L'électricité atmosphérique arrivait de l'extérieur, par les fils des différentes lignes, avec une telle intensité, que ces conducteurs ne pouvant lui donner un écoulement suffisant, le fluide s'élançait sur les corps voisins et les foudroyait littéralement.

Si le coup de foudre n'a pas assez de violence pour endommager les supports placés le long de la voie, ou pour rompre le fil de l'électro-aimant, il peut cependant produire encore certains effets désagréables. La présence dans les conducteurs, d'un excès d'électricité étrangère, fait que l'électro-aimant est, à diverses reprises, fortement attiré ; il s'établit ainsi, dans l'appareil destiné à former les signaux, une série d'oscillations folles qui persistent pendant plusieurs minutes. Sur le télégraphe Morse et le télégraphe Hughes, qui écrivent eux-mêmes leurs dépêches, on voit quelquefois l'instrument, subitement mis en action par l'électricité atmosphérique, inscrire sur le papier une série de signes confus et précipités : c'est l'éclair qui envoie son message et qui consigne lui-même sa présence par écrit.

Disons enfin que l'appareil télégraphique peut être influencé, bien que la foudre n'ait pas directement frappé le conducteur. Quand un nuage électrisé se décharge à quelque distance du fil du télégraphe, il s'établit aussitôt dans le conducteur, un de ces courants électriques que l'on nomme *courants d'induction*, et qui est provoqué par le voisinage de la décharge atmosphérique. Ce courant d'induction fait parler les appareils, mais cet accident n'a aucune importance.

En résumé, et si l'on fait abstraction de quelques événements accidentels dont la gravité ne peut être prise comme règle, les troubles occasionnés dans les appareils télégraphiques, par l'électricité de l'atmosphère, n'ont habituellement rien de grave, et ne peuvent que très-rarement compromettre le service. Ce n'est qu'au moment d'un orage que l'électricité atmosphérique peut causer sur la ligne de véritables dégâts. Alors les fils sont traversés par des courants assez intenses pour mettre les appareils télégraphiques hors de service, pour détruire l'aimantation des aiguilles des boussoles, pour chauffer jusqu'au rouge les fils de l'électro-aimant, et tellement sur-aimanter ces électro-aimants, qu'on soit forcé de les remplacer.

En temps d'orage, il est donc indispensable de suspendre le service, qui serait, d'ailleurs, a peu près impossible ; et il faut prendre certaines précautions pour se mettre à l'abri de l'électricité accumulée par l'orage dans les fils conducteurs.

Le moyen le plus sûr, c'est de faire communiquer le fil de la ligne avec le sol : l'électricité atmosphérique qui surcharge le conducteur, s'écoule ainsi dans la terre, ou, comme on le dit en électricité, dans le réservoir commun, sans causer aucun mal.

Sur quelques lignes télégraphiques de l'étranger, comme en Angleterre et en Allemagne, on a voulu rendre cette communication permanente.

Pour cela, on a surmonté les poteaux de la ligne, de tiges métalliques terminées en pointe, comme le représente la figure 80, et reliées au sol par des conducteurs. C'était dépasser le but et prendre, par tous les temps, une précaution qui n'est utile qu'au moment des orages. Ces petits *paratonnerres de poteaux* déterminaient des pertes du courant de la ligne par les temps pluvieux ; ils protégeaient les poteaux, mais non les fils conducteurs.

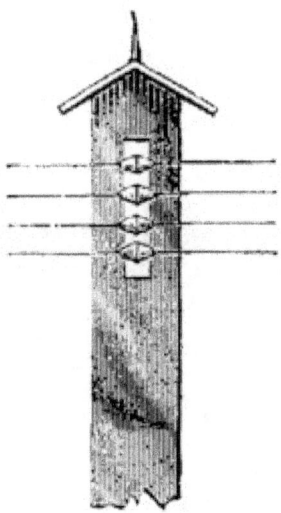

Fig. 80. — Parafoudre permanent.

Il fallait un instrument particulier pour mettre, au moment de l'orage, le fil de la ligne en rapport avec le sol, et se préserver ainsi des fâcheux effets de l'électricité atmosphérique. L'instrument dont on se sert en France, est dû à M. Bréguet. Il suffit d'intercaler cet instrument dans le circuit de la ligne, pour établir la communication avec le sol et mettre les employés et les appareils du poste télégraphique à l'abri de tout danger.

La figure 81 représente le *parafoudre* de M. Bréguet. Au fil de la ligne, faisant ainsi partie du conducteur télégraphique, on a soudé un fil de fer, excessivement mince (d'un dixième de millimètre environ), et pour protéger un si fin conducteur contre les chocs et les accidents, on l'a enfermé dans un petit tube de verre, contenu lui-même dans une enveloppe de bois X. Le fil de la ligne aboutit à ce petit conducteur, au moyen d'un bouton L ; de là, en suivant la tige Y et le bouton A, le fil se rend aux appareils télégraphiques.

S'il survient un orage, le fil très-mince contenu dans l'enveloppe X, est fondu, brisé ou brûlé. La communication de la ligne avec le poste télégraphique, est ainsi interrompue, le courant de la ligne s'écoule dans le sol par le bouton L et le fil Z, ce qui préserve de tout accident les appareils et les employés. Quand l'orage est passé, on enlève le tube du parafoudre, pour remplacer le petit fil de fer qui a été brûlé par le passage de l'électricité atmosphérique.

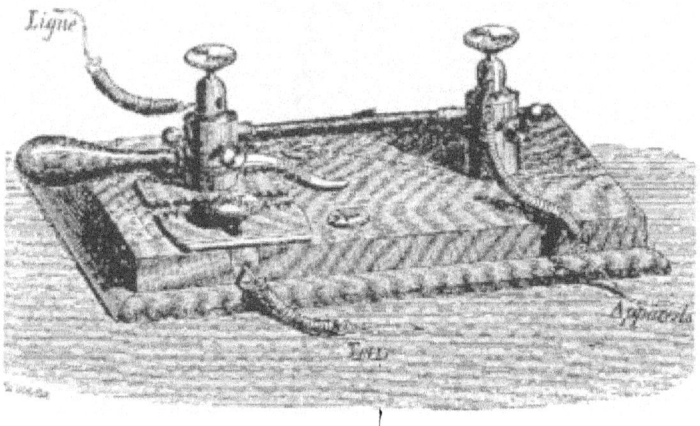

Fig. 81. — Parafoudre.

Si l'orage était très-violent, il pourrait arriver qu'une décharge éclatât entre les boutons L et A du parafoudre, bien qu'ils soient assez distants l'un de l'autre. Dès lors l'électricité atmosphérique irait exercer ses dégâts à l'intérieur du poste télégraphique. Pour éviter ce danger, M. Bréguet a placé des deux côtés du bouton L, deux autres boutons T, T, qui sont mis, au moyen d'un fil conducteur, en communication avec la terre. Ces trois pièces sont attachées à des plaques de cuivre, armées de petites dents, dont les pointes sont en regard et très-rapprochées les unes des autres.

Cette disposition empêche la décharge électrique de se produire entre les boutons L et A. En effet, avant que l'électricité accumulée dans le fil de la ligne, ait acquis assez de tension pour sauter du point L au point A, elle peut s'élancer de l'une à l'autre des pointes des plaques de cuivre dentelées, et comme ces plaques de cuivre sont en communication avec la terre par le bouton T, le fluide s'écoule dans le sol, sans se décharger entre les boutons L, A, situés à une distance bien plus grande.

Pile. — Nous n'entrerons dans aucun détail particulier sur la construction et les effets de la pile voltaïque employée en télégraphie. Tout ce qu'il importe de noter, c'est le genre particulier de pile électrique que l'on adopte selon le système télégraphique dont on fait usage. Ce choix est d'ailleurs assez indifférent, car de tous les instruments qui sont nécessaires au matériel d'un télégraphe électrique, la pile est celui dont on se préoccupe le moins, tant son emploi est simple et régulier.

En Amérique, on a fait longtemps usage de la pile de Grove, qui offre cependant dans la pratique moins d'avantages que la précédente.

Sur les lignes anglaises, où l'on n'emploie jamais que des courants d'une faible intensité, on se sert d'un appareil générateur, connu sous le nom de *pile à sable*, et qui se compose d'un assemblage de lames de zinc et de cuivre, plongées dans de petites cellules dont les intervalles sont remplis par du sable imbibé d'une petite quantité d'eau acidulée par de l'acide sulfurique. Le nombre de couples est proportionné à la distance qui sépare les stations ; en général, on emploie vingt-quatre couples pour une distance de quatre à six lieues, quarante-huit couples pour une distance de quinze à vingt lieues, etc. Montée avec soin, une pile de ce genre fonctionne pendant six ou huit mois, sans qu'il soit nécessaire d'y toucher.

En France, on a longtemps employé la pile de Daniell, à sulfate de cuivre. Depuis l'année 1864, on se sert de la pile à sulfate de mercure de M. Marié-Davy. Comme nous l'avons dit, quatre mille éléments de cette pile sont réunis, au poste central des télégraphes de Paris, pour desservir toutes les lignes du réseau français.

Dans les stations télégraphiques on se sert, pour mettre la pile en jeu, d'un instrument très-commode, en ce qu'il permet de mettre en action instantanément un courant de l'intensité voulue. On réunit en un seul les fils venant de 10, de 15 ou de 20 couples de la pile, et ce groupe de fils peut être employé à volonté comme courant de la ligne, à l'aide de l'instrument, qui porte le nom de *commutateur*.

On voit cet instrument représenté dans la figure 82. Une manivelle P tournant sur son axe, autour d'un disque de bois, peut, au moyen de la tige métallique courbe *l*, venir se mettre en contact avec l'un des boutons qui sont désignés sur la figure par les chiffres 10,

15, 20. Cette lame *l* communique par une tige de métal, avec le bouton D, qui est lui-même relié avec le *manipulateur* de la ligne télégraphique. Les boutons 10, 15, 20 communiquent avec les pôles positifs de la pile, tandis que le bouton D est mis en rapport avec le *manipulateur* et la ligne télégraphique. Par conséquent la tige *l* peut établir le circuit voltaïque en ouvrant une continuité métallique entre la pile et les instruments télégraphiques. Selon que l'on placera la lame *l* sur les boutons 10, 15 ou 20, le circuit voltaïque envoyé sur la ligne, sera composé de 10, de 15 ou de 20 éléments.

Fig. 82. — Commutateur de la pile.

Fils conducteurs et poteaux télégraphiques. — Les fils qui conduisent le courant de la pile aux appareils télégraphiques, sont habituellement tendus, en plein air, le long des voies de chemins de fer ou sur le bord des routes.

Les conducteurs des premiers télégraphes électriques, furent des fils de cuivre, de 2 millimètres de diamètre. On regardait ce métal, comme le seul capable, en raison de son extrême conductibilité, de transporter sûrement l'électricité à des distances considérables.

Cependant on fut bientôt obligé de renoncer aux fils de cuivre, qui perdent promptement leur élasticité, qui ne peuvent pas être fortement tendus sans se briser, et qui deviennent cassants sous l'influence des brusques variations de la température, ou après avoir longtemps servi à livrer passage à l'électricité. On ne se sert plus aujourd'hui, comme conducteur, que de fil de fer, auquel on donne 4 millimètres de diamètre. Cette augmentation de section, compense la moindre conductibilité du fer par rapport au cuivre.

Depuis quelque temps on remplace le fil de 4 millimètres (numéro 8 de la filière anglaise) par le fil de 3 millimètres (numéro 11 de la filière anglaise) qui, à la vérité, offre une résistance presque double au passage de l'électricité, mais qui, pour une même longueur, coûte environ un tiers de moins que le fil de 4 millimètres.

Cependant, comme les lignes deviennent ainsi moins solides, et par le faible diamètre du conducteur, opposent plus de résistance au passage de l'électricité, on tend à en revenir au fil de 4 millimètres, et même au fil de 5 millimètres sur les grandes lignes, en ne conservant les fils de 3 millimètres que pour les jonctions des fils des grandes lignes entre elles. On se sert même en Angleterre de fils de 6 millimètres, afin de diminuer la résistance au passage de l'électricité, car cette résistance, comme l'ont depuis longtemps reconnu les physiciens, diminue avec l'augmentation de dimension du conducteur. Un fil très-gros conduit beaucoup mieux l'électricité qu'un fil mince.

Il y a donc, en France, comme en Angleterre, trois échantillons de fils de fer (3, 4 et 5 millimètres), que l'on applique suivant les besoins de la traversée.

Pour empêcher l'oxydation du fil de fer, on a eu la précaution de le *galvaniser*, expression impropre qui signifie que le fer a été plongé dans un bain de zinc fondu, pour le recouvrir d'une enveloppe de zinc. Ce dernier métal se combinant bientôt avec l'oxygène atmosphérique, donne naissance à un oxyde qui entoure le fil de toutes parts et le préserve d'une oxydation ultérieure.

Fig.83. — Poteau télégraphique.

On pensait, à l'origine, qu'il serait nécessaire de garnir le fil télégraphique, sur toute son étendue, d'une enveloppe de matière isolante, comme on le fait pour le fil des électro-aimants ; mais on ne tarda pas à reconnaître que cette précaution est superflue, et que des supports mauvais conducteurs de l'électricité, disposés sur les poteaux supportant les fils, suffisent pour assurer un isolement parfait. Seulement, lorsque plusieurs fils sont supportés par le même poteau, il faut ménager entre eux un certain intervalle, afin d'empêcher que les fils placés l'un près de l'autre, ne s'influencent électriquement, c'est-à-dire ne soient électrisés par *induction*, en raison de leur voisinage.

Les fils sont soutenus le long de la voie des chemins de fer et sur le bord des routes, par les poteaux que tout le monde connaît. Ce sont des tiges de bois de pin ou de sapin, de 6 mètres de longueur, que l'on a préalablement injectées, sur pied, d'une dissolution de sulfate de cuivre, afin d'augmenter leur durée. On les fiche en terre, les plus petits, à une profondeur de 1 mètre 1/2 ; les plus élevés, à une profondeur de 2 mètres : le sulfate de cuivre préserve de toute altération la partie enfouie dans le sol. Quand on doit franchir, sur un chemin de fer, un passage à niveau, ou passer par-dessus les bâtiments d'une station, on donne au poteau une longueur de 9 mètres et demi.

La distance des poteaux le long des routes, est de 80 mètres et même de 100 mètres, lorsqu'ils sont placés en ligne droite. Dans les courbes, comme les fils exerçant, par leur poids, une pression latérale, pourraient renverser les poteaux, il est nécessaire de diminuer l'écartement des poteaux : on les place alors à 60 mètres seulement les uns des autres.

Cependant les *portées* des fils télégraphiques sont quelquefois d'une étendue bien plus considérable : on voit des fils franchir des vallées de 400 à 500 mètres d'étendue, sans aucun support. Pour composer d'aussi longues portées, on emploie des fils, de 3 millimètres seulement, de fer *non recuit*, qui présente le double avantage de résister à l'allongement, et d'avoir un faible poids.

Les fils sont tendus le long de ces poteaux, en nombre variable, selon les besoins du service. Quel que soit leur nombre, ces fils doivent être séparés, sur chaque poteau, par une distance minimum de 25 à 30 centimètres, le dernier fil devant être placé à 3 mètres 50 au-dessus du sol. Quand le fil traverse une route, le poteau télégraphique a, comme nous l'avons dit, plus de hauteur ; la distance minimum du dernier fil au sol doit être alors de 5 mètres.

Les poteaux suspenseurs du fil, étant faits de bois très-sec, pourraient, à la rigueur, servir à isoler les fils télégraphiques, sans aucun intermédiaire, car ils sont, comme toutes les substances végétales, mauvais conducteurs de l'électricité. Cependant on a grand soin d'isoler le fil du poteau télégraphique, à son point de suspension sur le poteau. Sans cette précaution, pendant les jours humides, ou les grandes pluies, l'eau qui ruisselle le long des poteaux et qui descend sur le sol, en formant une sorte de ruisseau non interrompu, enlèverait au fil qu'il rencontrerait sur son chemin, une quantité d'électricité assez notable pour affaiblir considérablement, et même pour anéantir le courant électrique.

Les *isolateurs* des poteaux télégraphiques sont de petits supports de porcelaine, substance très-mauvaise conductrice de l'électricité. Un crochet de fer, placé dans ce support, sert à donner passage au fil, en l'isolant complètement du poteau.

La forme des isolateurs de porcelaine varie beaucoup ; mais elle est toujours calculée pour abriter le point de suspension du fil, d'une accumulation d'eau pluviale sur le point de suspension. Les figures 84 et 85 représentent deux modèles de support isolateur très-employés en France. C'est une clochette de porcelaine, dans l'intérieur de laquelle on scelle, au moyen du soufre, un crochet de fer, dont l'extrémité libre se contourne de manière à venir former un anneau, dans lequel passe le fil conducteur. La porcelaine assure l'isolement parfait du fil, et la petite cloche le protège contre la pluie. Deux vis de fer zingué fixent solidement la cloche de porcelaine au poteau télégraphique.

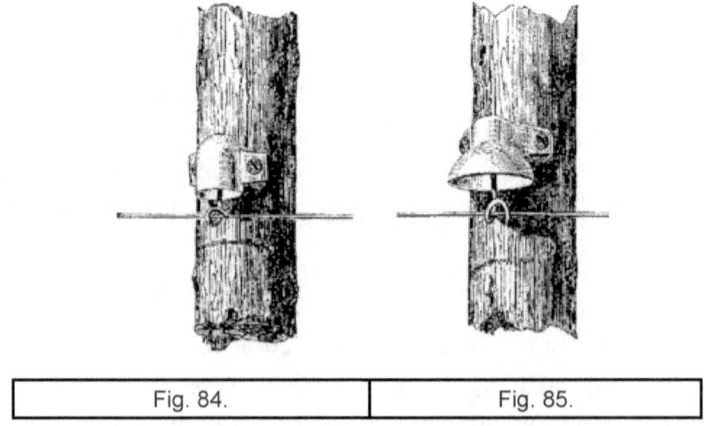

| Fig. 84. | Fig. 85. |

Supports isolateurs du fil télégraphique.

On fait également usage en France depuis quelques années, d'un mode de suspension des fils qui était employé depuis longtemps en Allemagne, et que représente la figure 83. Au lieu de faire passer le fil au-dessous de la cloche de suspension, on le fixe autour d'un petit clocheton qui surmonte la cloche principale. Cette disposition que l'on retrouvera représentée plus en grand dans la figure 90 a l'avantage de rendre inutiles les *tendeurs des fils*, dont nous aurons à parler plus loin ; le fil peut, en effet, être facilement tendu d'un poteau à l'autre sans aucun instrument.

Fig. 86. — Anneau isolateur.

Quand les poteaux sont placés dans des points où la ligne fait un angle brusque, le crochet de suspension pourrait être plié, faussé, quelquefois même arraché, par l'effet du vent agissant sur la longueur du fil. Toutes les fois que la ligne change brusquement de direction, on donne donc une autre disposition au support isolateur ; on lui donne la forme d'un anneau (*fig.* 86). Dans ce cas, le crochet est supprimé. Cependant ces anneaux isolent moins que les supports en cloche, et l'on n'en fait usage qu'à la dernière extrémité.

Quand l'anneau de porcelaine est fermé, il est difficile de placer le fil, qui doit passer par le trou ménagé dans la partie centrale. Aussi fait-on quelquefois usage d'un anneau ouvert. Il est plus commode de placer le fil dans ce dernier anneau. On l'y introduit avec autant de facilité que dans le crochet d'une cloche de suspension, tandis qu'il faut couper le fil et le ressouder plus loin, pour faire passer le fil dans l'anneau fermé.

Les figures 87 et 88 montrent l'anneau fermé et l'anneau ouvert.

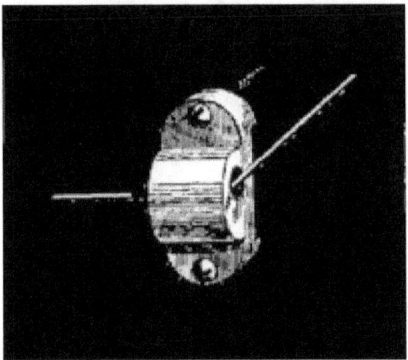

fig. 87. — Anneau isolateur fermé.

Fig. 88. — Anneau isolateur ouvert.

À l'extrémité de la ligne, les fils sont arrêtés sur un dernier poteau, que l'on nomme *poteau d'arrêt*, La cloche en porcelaine est alors remplacée par une poulie de même substance, que l'on nomme *poulie d'arrêt* (*fig.* 89). Pour arrêter le fil à l'extrémité de la ligne, ou l'enroule une ou deux fois sur la gorge de la poulie, puis on tord son bout libre autour de la partie tendue.

Fig. 89. — Poulie d'arrêt.

Ces *poulies d'arrêt* sont quelquefois remplacées par les *cloches d'arrêt*. Une cloche de porcelaine (*fig.* 90) est soudée à l'extrémité d'un support de fer recourbé, qui se fixe au poteau au moyen de deux boulons de fer galvanisé. On courbe deux fois le fil autour du clocheton qui surmonte la cloche de porcelaine, et l'on enroule enfin l'extrémité de ce fil sur la partie tendue.

Fig. 90. — Cloche d'arrêt.

Les *supports d'arrêt*, soit en forme de poulie, soit en forme de cloche, sont fixés, disons-nous, contre le poteau au moyen de vis en fil de fer galvanisé. Les figures 91, 92 et 93 ont pour but de montrer comment sont attachés les supports contre les poteaux télégraphiques.

Fig. 91. — Poulie d'arrêt avec ses vis de fixage.

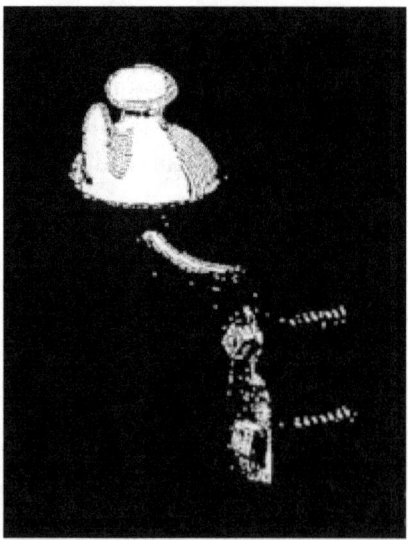

Fig. 92. — Cloche d'arrêt avec ses vis de fixage.

Quand le fil de la ligne est arrivé à ces supports d'arrêt, on y attache un fil plus fin, généralement en cuivre recouvert de guttapercha, qu'on fait descendre jusqu'aux appareils et instruments télégraphiques placés à l'intérieur de la station.

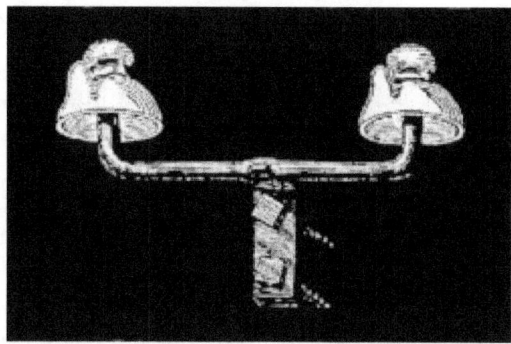

Fig. 93. — Cloche d'arrêt double avec ses vis de fixage.

Par diverses causes, la tension des fils peut venir à se relâcher ; il faut donc que l'on puisse empêcher ce relâchement. Les fils ne peuvent être convenablement tendus qu'au moyen d'appareils mécaniques établis de distance en distance. Ces *tendeurs* mécaniques sont placés contre l'un des poteaux, ordinairement à une distance de 1 500 mètres les uns des autres.

Fig. 94. — Tendeur des fils télégraphiques

La figure 94 représente le *tendeur* employé sur les lignes françaises. C'est une poulie autour de laquelle tourne le fil, pour en opérer la tension. Le support C, est en porcelaine ; on le fixe contre un poteau au moyen de deux boulons en fer à tête carrée, qu'on peut serrer en faisant usage de la partie de la clef à deux fins, H. La cloche en porcelaine, dont ce support isolateur est muni, le préserve de la pluie. Quant au *tendeur* proprement dit, il se compose de deux parties, réunies l'une à l'autre par les chevilles C. De chaque côté, une poulie, à gorge creuse, permet de tendre le fil en l'enroulant sur l'axe de la poulie. Une roue à rochet, munie d'un cliquet, arrête et maintient le fil, lorsque la clef de traction H l'a tendu au point convenable. C'est ainsi que l'on augmente la tension du fil, et qu'on la rend uniforme sur une même ligne.

Le *tendeur* des fils du télégraphe n'a pas seulement pour but de donner une tension uniforme aux différents fils d'une même ligne, et de régler cette tension, pour remédier aux courbes que le fil décrirait dans l'espace ; il sert encore à détendre à l'approche de l'hiver, les fils, qui casseraient par suite de leur raccourcissement provoqué par le froid.

Fig. 95. — Tendeur à cloche.

On emploie quelquefois un *tendeur* qui présente la forme représentée par la figure 95. Son support en porcelaine a quelque ressemblance avec la cloche isolatrice des conducteurs. Une pièce en fer qu'on appelle la *chape du tendeur* est soudée au moyen du soufre, à l'intérieur de la cloche ; c'est à cette chape que s'attache le tendeur au moyen d'une cheville à tête, comme la cheville de la figure 94. Ce tendeur étant fait d'une seule pièce oppose une résistance moindre au passage de l'électricité.

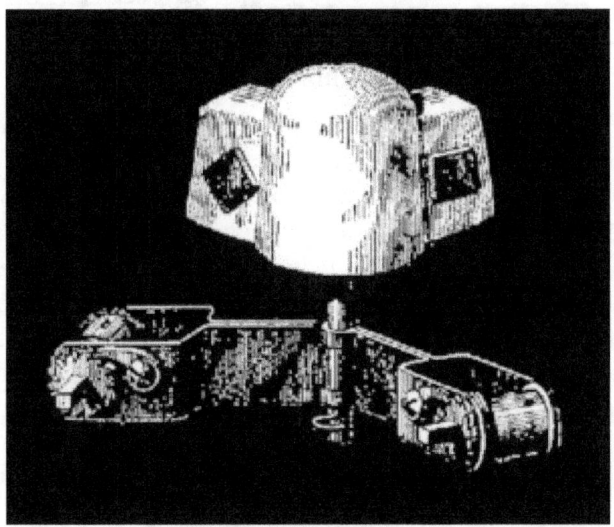

Fig. 96. — Tendeur à charnière.

Il y a avantage à rendre mobiles et indépendantes l'une de l'autre les deux poulies autour desquelles on tend le fil. Le *tendeur à charnière* (*fig.* 96) est aujourd'hui presque exclusivement employé dans l'administration française. Quand la ligne change de direction, la charnière qui réunit les deux poulies, permet de se placer dans tous les sens pour tendre le fil.

Il arrive souvent qu'un conducteur se casse, par un accident quelconque. Il faut alors pouvoir promptement réparer le dommage, c'est-à-dire réunir les deux bouts de fil, et rétablir la communication interrompue. Il n'est rien de plus facile que de rétablir un fil brisé. Les instruments nécessaires à cette réparation, sont déposés dans toutes les stations télégraphiques et dans plusieurs postes des gardiens de la voie sur les chemins de fer ; de sorte que les surveillants du télégraphe ou les cantonniers du chemin de fer, peuvent remédier promptement à cet accident.

Voici les procédés qui servent à réunir les uns aux autres deux bouts de conducteur rompu ; ce sont, d'ailleurs, les mêmes que l'on emploie quand on établit, pour la première fois, la ligne télégraphique.

Fig. 97. — Ligature de fil télégraphique.

Le plus simple et peut être le plus sûr de de tous les moyens de réunion, c'est la *ligature* (*fig.* 97). On juxtapose, sur une longueur de 5 centimètres environ, les deux bouts de fil qu'il faut rattacher : on replie leur extrémité sur une longueur de 20 centimètres, et on enroule tout autour, en le serrant avec force, un fil de fer zingué du diamètre d'un millimètre seulement, dit *fil à ligature*. Exécutée avec soin, cette ligature est plus solide que le fil même, et elle n'oppose aucune résistance au passage de l'électricité : c'est le seul procédé qui soit en usage en Angleterre.

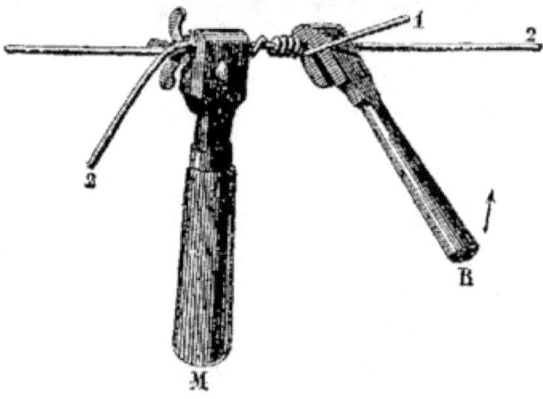

Fig. 98. — Ligature par la *torsade espagnole*.

Fig. 99. — Enrouleur pour la *torsade espagnole*.

En France, on se sert volontiers du procédé dit *torsade espagnole* (*fig.* 98) qui exige des instruments spéciaux. Dans une pince M qui ressemble à une mâchoire d'étau, on pince les deux fils 1 et 2, en laissant dépasser leurs bouts à droite et à gauche. Ensuite, au moyen d'un autre outil R, qui n'est qu'une pince plus petite, qu'on nomme *enrouleur*, et que nous représentons à part (fig. 99), on enroule sur le fil 2 le bout du fil 1. Deux ou trois tours de l'enrouleur suffisent pour cette attache. Ensuite on en fait autant de l'autre côté de la mâchoire M ; c'est-à-dire, qu'on enroule le bout du fil 2 sur le fil 1 ; après quoi, on enlève la mâchoire ; les deux torsades sont alors éloignées l'une de l'autre de l'épaisseur de cet outil, mais quand une traction énergique est exercée sur le fil, elles se rapprochent, et la ligature complète prend l'aspect représenté dans la figure 100.

Fig. 100. — Ligature à l'espagnole.

Fig. 101. — Torsade française.

On a longtemps employé en France le procédé de ligature suivant. On pince successivement les deux bouts des deux fils juxtaposés, dans deux mâchoires, dites mâchoires à tordre (*fig.* 101), et, saisissant ces deux outils par leurs manches en bois, on tord le tout sur lui-même. Une fois cette torsade faite, on enlève les mâchoires, et on coupe à la lime les bouts qui dépassent. Dans la torsade espagnole, on voit que les fils ne sont pas proprement tordus, mais seulement enroulés chacun sur l'autre, tandis qu'ici, c'est-à-dire dans l'ancienne *torsade française*, les deux fils sont tordus chacun autour de l'autre. Cette torsion est une épreuve très-rude pour le fil ; celui qui n'est pas excellent ne la supporte pas et se rompt ; cette raison doit faire préférer la torsade espagnole, qui est tout aussi facile à faire, avec laquelle on n'a pas même besoin d'une lime pour couper les bouts excédants et qui ne fait pas perdre la moindre longueur de fil.

CHAPITRE IX

LES LIGNES DE TÉLÉGRAPHIE SOUTERRAINES.

Dans tout ce qui précède, nous avons toujours parlé des fils conducteurs portés sur les poteaux, et librement exposés à la vue, c'est-à-dire des *lignes aériennes* ; nous avons à peine fait allusion aux *lignes souterraines*, c'est-à-dire à l'enfouissement des fils dans le sol. C'est que ce système, après avoir joui d'une certaine faveur, a fini par être abandonné partout, en raison de l'excessive difficulté, et même de l'impossibilité de maintenir à l'abri de toute altération, un fil enfermé sous terre. Aujourd'hui, les lignes souterraines ne sont plus employées qu'à l'intérieur des villes, encore s'attache-t-on à réduire leur cours le plus possible. À Paris, par exemple, après des échecs répétés, on a eu l'idée de suspendre la plus grande partie des fils à la voûte des égouts ; ce qui ne constitue pas une ligne souterraine dans l'expression propre du mot, mais ce qui a fourni un expédient excellent pour soustraire à la vue du public et aux difficultés de son établissement aérien, l'immense réseau télégraphique de la capitale.

C'est à l'origine de la télégraphie électrique que l'on songea à placer sous terre les fils conducteurs, car on était alors dominé par ce préjugé qu'il serait difficile de préserver contre la malveillance des lignes suspendues en plein air. Depuis que l'on a reconnu avec quel respect général les fils aériens sont traités par les populations ; depuis qu'on a vu les fils télégraphiques demeurer à l'abri de toute atteinte chez les peuples les moins civilisés, chez les Yankees des deux Amériques, chez les Arabes de notre colonie africaine, chez les Indiens et les Tartares des colonies anglaises et russes, etc., ce préjugé a disparu. Mais au début de cet art nouveau, on s'inquiétait surtout de dérober aux yeux les agents secrets de cette merveilleuse correspondance.

Les premières lignes télégraphiques furent établies dans le système souterrain, en Prusse, en Saxe, en Autriche, en Russie, en Irlande. De Moscou à Saint-Pétersbourg, par exemple, sur un parcours de 200 lieues environ, comme sur la ligne de Saint-Pétersbourg à Varsovie, les fils étaient placés sous terre. On les enveloppait d'une couche de gutta-percha, et on en formait une espèce de cordon, que l'on couchait au fond d'une tranchée de 1 mètre de profondeur sur 40 centimètres de largeur. Les différentes parties de la longueur du fil étaient réunies par une soudure, et les soudures enveloppées de guttapercha. La tranchée était ensuite comblée avec du sable. Afin de pouvoir s'assurer toujours de l'état des conducteurs enfouis sous terre, on ménageait, de distance en distance, sur leur trajet, de petites ouvertures, nommées *regards*. Si la communication électrique venait à être suspendue, par la rupture du fil ou par son altération, ces regards servaient à rechercher la partie et le point de la ligne où l'accident s'était manifesté.

Mais la gutta-percha, même vulcanisée, se décomposait peu à peu ; car, circonstance singulière, la gutta-percha, qui résiste si bien à l'action de l'eau, douce ou salée, s'altère quand elle est exposée longtemps à l'air atmosphérique et quand elle est placée sous terre : elle se désagrège, devient perméable à l'eau du terrain, et le fil communique alors directement avec le sol. Les lignes souterraines les mieux construites avec de la guttapercha vulcanisée, n'ont pas duré plus de sept à huit ans.

Le bitume qui sert à recouvrir nos trottoirs, parut, pendant quelque temps, devoir offrir un moyen sûr et économique de maintenir l'isolement électrique d'un réseau souterrain. Le bitume (asphalte) étant à très-bas prix, on croyait pouvoir l'employer avec avantage, en réunissant plusieurs fils dans la même rigole, et coulant ensuite du bitume dans cette rigole, de manière à y noyer tous les fils. Mais l'expérience de ce système, faite à Paris par l'administration des lignes télégraphiques, a prouvé son peu d'efficacité. Sous terre, le bitume se gerce, et par ces fissures, l'humidité du sol pénètre jusqu'au fil. Les fuites de gaz ont aussi, dans les mêmes circonstances, un effet désastreux. Le gaz d'éclairage, comme tous les autres carbures d'hydrogène, a la propriété de dissoudre partiellement le bitume. Dans le voisinage d'une fuite de gaz, le bitume qui remplissait la rigole occupée par les fils conducteurs, se ramollissait, les fils finissaient ainsi par se toucher et troubler les courants de toutes les lignes.

En 1855, une ligne souterraine avait été établie au sein de la capitale pour relier le poste central des télégraphes aux Tuileries, au Louvre, à la Bourse, à la préfecture de police et à l'Hôtel-de-ville. Après avoir assez bien fonctionné pendant six ans, elle a dû être supprimée, et il en est arrivé autant d'une autre ligne souterraine qui avait été construite de la même manière, et qui reliait le Ministère de l'intérieur au palais de l'Industrie, aux chemins de fer de Rouen, du Nord et de l'Est.

Il a donc fallu, pour résoudre ce difficile problème, employer un moyen héroïque, c'est-à-dire enfermer les fils dans une enveloppe de métal. Mais ce système serait évidemment trop cher pour une ligne souterraine proprement dite, telle qu'on l'entendait à l'origine de la télégraphie, pour éviter les lignes aériennes. Ce n'est qu'à l'intérieur des villes que l'on peut avoir recours au moyen dispendieux qui consiste à protéger les fils par une conduite de métal.

Quoi qu'il en soit, voici comment M. Baron, inspecteur général des lignes télégraphiques, à qui l'on doit l'établissement de ce système, l'a réalisé à l'intérieur de la capitale.

Pour faire traverser souterrainement Paris aux nombreux fils qui le sillonnent, on compose chaque conducteur d'une tresse de quatre fils, comme celle des conducteurs sous-marins. On entoure chaque tresse d'une enveloppe de gutta-percha, puis on réunit un certain nombre de ces petits câbles, de manière à constituer treize faisceaux bien isolés et indépendants les uns des autres. Ces câbles sont introduits dans une large conduite de fonte, dont les joints sont fermés avec du plomb, et qui est pourvue d'un regard de 100 en 100 mètres. Cette conduite de fonte, en sortant du poste central de la rue de Grenelle-Saint-Germain, est enfouie dans une tranchée sous le pavé, jusqu'à la rue Royale, près de la place de la Concorde. Là, elle descend dans le grand égout collecteur, où elle est remplacée par un tube de plomb suspendu à la voûte de l'égout. Elle arrive ainsi à Asnières, où elle se rattache aux lignes aériennes.

Le même système a été appliqué par M. Baron, aux fils de la rive gauche de la Seine. Ces fils, au nombre de soixante-dix, partant du poste central de la rue de Grenelle-Saint-Germain, suivent, sous les rues, une tranchée jusqu'à la barrière du Maine. Là, ils s'enfoncent dans les catacombes, où on les suspend à la voûte, comme dans le grand égout collecteur. Ils sortent enfin des catacombes par la porte d'Orléans, à Montrouge, où ils vont rejoindre les lignes aériennes qui s'éloignent de la capitale.

Après avoir décrit isolément tous les appareils et tous les instruments accessoires qui servent dans la télégraphie électrique, il sera très-utile, de mettre sous les yeux du lecteur, par une vue d'ensemble, le rôle et l'affectation spéciale de chaque appareil, ou instrument, dans un poste télégraphique. Tel est l'objet des planches 102 et 103, qui montrent l'intérieur de deux postes télégraphiques pour l'usage des chemins de fer (station d'Etampes et station de Réthel).

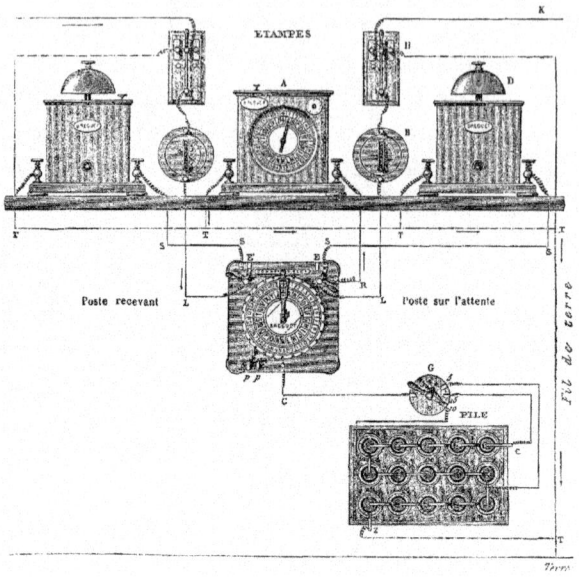

Fig. 102. — Intérieur du poste télégraphique de la station du chemin de fer à Étampes.

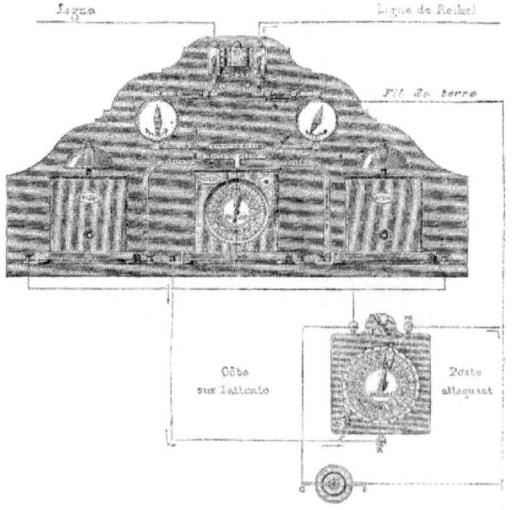

Fig. 103. — Poste télégraphique de Réthel.

On voit sur la figure 102 le *manipulateur* EE′ du télégraphe à cadran ; le *récepteur* A ; la *sonnerie* D ; la *boussole* B, destinée à accuser la présence de l'électricité dans le circuit ; le *parafoudre* H ; la *pile* CZ, avec son fil de terre ZT et son *commutateur* G, qui sert à envoyer sur la ligne un courant de 10, de 15 ou de 5 éléments ; le fil C, qui se rend au commutateur de la pile, puis au *manipulateur* EE′, lequel forme et expédie les signaux ; enfin le fil de la ligne télégraphique K.

CHAPITRE X

RAPIDITÉ DES COMMUNICATIONS PAR LE TÉLÉGRAPHE ÉLECTRIQUE. — SERVICES DIVERS RENDUS PAR LE TÉLÉGRAPHE ÉLECTRIQUE.

Nous n'avons pas la prétention d'étonner nos lecteurs en leur parlant de la merveilleuse promptitude avec laquelle les dépêches sont transmises par le télégraphe électrique. Il est des mots qui portent et entraînent avec eux leur signification, il suffit de les prononcer pour éveiller aussitôt les idées qui s'y rattachent. Le mot *télégraphe électrique* veut dire communication instantanée de la pensée à travers toute distance. Nous pouvons donc nous dispenser de la facile et banale énumération des messages rapides, qui ont été expédiés par le télégraphe électrique depuis son adoption dans les deux mondes. Seulement, à la fin de cette notice consacrée à la télégraphie, il ne sera pas hors de propos de montrer quelle étonnante progression a suivie, depuis un demi-siècle à peine, la rapidité de la transmission lointaine de la pensée par des signaux télégraphiques. Quelques exemples frappants fixeront les idées à cet égard.

En 1801, la nouvelle de la mort de l'empereur de Russie, Paul Ier (12 mars 1801), mit vingt et un jours à arriver à Londres, par les courriers.

La nouvelle de la mort de l'empereur de Russie, Nicolas, en 1855, parvint à Londres en quatre heures un quart, par le télégraphe électrique.

L'analyse du discours du président de la république des États-Unis, Johnson, est parvenue de Washington à Londres, au mois de novembre 1866, en un quart d'heure !

Voici d'autres exemples du même genre, qui montrent avec quelle lenteur les nouvelles importantes se transmettaient autrefois. Nous choisirons la nouvelle de la bataille de Fontenoy, celle de la bataille d'Austerlitz et celle de la prise d'Alger.

La bataille de Fontenoy, gagnée sur les Anglais par Louis XV et le maréchal de Saxe, fut livrée le 11 mai 1745 ; la nouvelle n'en fut connue à Paris, et annoncée parla *Gazette de France*, que le 15 mai suivant, c'est-à-dire quatre jours après.

La nouvelle de la bataille d'Austerlitz, livrée le 2 décembre 1805, ne parut au *Moniteur* que le 12 décembre suivant, c'est-à-dire dix jours après ; elle fut apportée par le colonel Lebrun, aide de camp de l'empereur Napoléon Ier. Le rapport détaillé de cette mémorable bataille, qui forme le trentième des bulletins de la grande armée, ne fut publié par le *Moniteur* que quatre jours plus tard, c'est-à-dire le 16 décembre.

La prise d'Alger eut lieu le 5 juillet 1830 ; la nouvelle n'en fut connue à Paris que le 13 juillet au soir.

Ainsi en 1745, il fallait quatre jours pour connaître le résultat d'une bataille importante livrée à Fontenoy, éloigné seulement de Paris d'environ 75 lieues. En 1805, il fallait dix jours pour connaître le résultat d'une bataille livrée à Austerlitz, éloigné de Paris d'environ 400 lieues. En 1830 il fallait huit jours pour faire parvenir à Paris des nouvelles d'Alger.

À cette lenteur d'expédition comparez la prodigieuse rapidité du télégraphe électrique.

Le discours prononcé par l'empereur des Français, le 18 janvier 1858, pour l'ouverture de la session législative, fut transmis de Paris à Alger, en deux heures par le télégraphe de Paris à Marseille et le fil sous-marin. Expédié dans la soirée du 18, il était affiché, le 19 au matin, dans les rues d'Alger.

Pendant la guerre de Crimée, en 1855, au moment du siège de Sébastopol, une dépêche pouvait être transmise en treize heures, du camp français, à Paris, grâce au fil télégraphique qui s'étendait de Paris en Crimée. Ce fil n'interrompait son cours qu'à divers intervalles, qui, réunis, pouvaient être franchis en douze heures par des courriers. La distance était de 900 lieues.

Les communications de l'Angleterre avec l'Inde, nous fournissent un autre exemple comparatif, tout aussi frappant, du progrès qu'a fait dans notre siècle, la rapidité des communications.

Pour recevoir des nouvelles de leurs possessions dans l'Inde, les Anglais étaient contraints, au commencement de ce siècle, d'attendre l'arrivée des bâtiments, qui mettaient cinq mois à ce trajet. Plus tard, par l'établissement des services des malles de l'Inde et du chemin de fer, les communications ont pu se faire, entre l'Angleterre et l'Inde, en deux mois.

En 1858, grâce aux chemins de fer et aux quelques lignes télégraphiques disséminées en Orient, qui se rattachaient à celles de l'Europe, on recevait, dans la Cité de Londres, en vingt-cinq jours, des nouvelles de l'Inde, éloignée d'environ 5 000 lieues.

Depuis 1865, la ligne télégraphique dont nous ferons connaître plus loin le tracé exact, fonctionne sans aucune solution de continuité, et l'on reçoit des dépêches télégraphiques en dix heures !

Si maintenant nous voulions pousser ces comparaisons au delà de toute espèce de terme, nous n'aurions qu'à citer le prodigieux tour de force que réalise souvent le câble transatlantique de Valentia (Irlande), à Terre-Neuve et à New-York. On sait que, par suite de la différence des longitudes, une dépêche expédiée de Londres par le télégraphe sous-marin, qui part de Valentia, arrive en Amérique avant l'heure de son départ d'Europe ! En voici un curieux exemple. Au mois de mars 1867, une dépêche annonçant le cours de la bourse de Londres arriva et fut affichée à New-York à *midi*. Or, cette dépêche était partie de Londres, le même jour, à la clôture de la bourse, c'est-à-dire à 4 heures ! La dépêche était donc arrivée avant d'être partie !

Après ce résultat, qui justifierait bien, s'il était nécessaire, le titre donné à cet ouvrage, nous pouvons mettre fin à nos citations et à nos exemples.

Nous ne terminerons pas néanmoins sans citer quelques-uns des principaux services que le télégraphe électrique a rendus et rend tous les jours, à la science, aux communications du commerce, aux besoins des particuliers, etc.

Les applications de la télégraphie électrique à la science sont infinies ; nous aurons, dans la suite de cet ouvrage, plus d'une occasion de les signaler. Bornons-nous à dire que cet instrument merveilleux semble avoir été inventé tout exprès pour donner aux astronomes le moyen de fixer les longitudes. La longitude d'un lieu n'étant autre chose que le moment où le soleil passe au méridien de chaque lieu, le télégraphe électrique fournit un moyen, idéal pour ainsi dire, de fixer le moment de ce passage. Il suffit que deux observateurs placés à ces deux points, observent au même instant, l'heure d'un bon chronomètre. Le signal du moment où il faut noter l'heure de l'horloge, est donné à ces deux observateurs, par le télégraphe électrique.

Le télégraphe électrique était à peine établi aux États-Unis, qu'il servait, sous la direction de M. Morse, à déterminer la différence de longitude entre Washington et Baltimore. Un signal télégraphique permit à deux personnes en station, l'une à Washington, l'autre à Baltimore, de comparer au même instant, deux horloges mises respectivement à l'heure exacte de chacune de ces villes.

Le même moyen fut employé, au mois de mai 1854, par MM. Airy et Le Verrier, directeurs des observatoires de Greenwich et de Paris, pour déterminer la différence de longitude entre ces deux villes.

M. Le Verrier à cette même époque détermina par le télégraphe électrique la différence de longitude d'un grand nombre de lieux de la France.

En 1866, le câble transatlantique était à peine déposé au fond de l'Océan, que l'on se hâtait de mettre à profit ce fil magique pour déterminer la différence de longitude entre New-York et Greenwich, entre Washington et Londres, etc.

Le télégraphe électrique a permis d'établir, en Angleterre, en France et dans quelques autres contrées de l'Europe, un service d'observations météorologiques, vraiment universelles. Aujourd'hui, l'Observatoire de Paris reçoit, à 7 heures du matin, l'annonce de l'état du ciel, de la mer, de l'atmosphère, etc., expédiée simultanément de plus de cinquante stations de la France et de l'étranger. Ces indications sont transcrites sur un tableau, et expédiées à midi, par le *Bulletin de l'Observatoire impérial*, à tous les correspondants de ce recueil. Les journaux de Paris paraissant à 4 heures du soir, peuvent ainsi, lorsqu'ils le veulent, donner à leurs lecteurs les résultats de l'observation du thermomètre, du baromètre, de l'état du ciel dans les principales villes de la France et de l'étranger ! C'est là une des merveilles de la science contemporaine les plus justement admirées !

Grâce au même service météorologique, basé sur l'usage de la télégraphie électrique, l'approche des tempêtes est signalée à tous nos ports de mer. Cette importante institution, qui a été organisée en Angleterre par l'amiral Fitzroy, et en France par M. Le Verrier, rend à nos marins des services inestimables.

Dès l'année 1850, l'Amérique avait eu les prémices de ce précieux système d'avertissement. En 1850, le télégraphe électrique de Chicago signala aux patrons de navires des ports de Cleveland et de Buffalo, ainsi qu'aux navires qui parcouraient le lac Ontario, l'approche d'une tempête venant du nord-ouest. L'ouragan ne traverse l'atmosphère qu'avec une rapidité d'environ 25 lieues à l'heure ; il est donc facilement devancé par le télégraphe électrique. Un navire qui s'apprête à partir de New-York pour la Nouvelle-Orléans, peut apprendre par ce moyen, vingt heures à l'avance, qu'une tempête règne dans le golfe du Mexique.

Sur les chemins de fer, le télégraphe électrique est d'une utilité immense. Les services qu'il rend dans ce cas particulier, sont beaucoup plus étendus qu'on ne l'imagine. Pour la facilité du service, pour la sécurité de la voie, le télégraphe électrique est une annexe devenue aujourd'hui tout à fait indispensable, des voies ferrées. C'est grâce à l'échange continuel de signaux expédiés d'une station à l'autre, que d'innombrables trains peuvent circuler sur une même ligne, et que l'on peut, dans la même journée, faire circuler et se croiser sur le pont d'Asnières, par exemple, jusqu'à deux cents convois. Si donc le télégraphe électrique a reçu des chemins de fer un appui précieux à l'origine, en lui ouvrant une voie directe et bien surveillée, en revanche, la télégraphie électrique a payé au centuple les services qu'elle avait reçus de ces mêmes chemins de fer, d'eux à l'époque de ses débuts.

Les journaux se plaisent à raconter des faits particuliers qui viennent, par intervalles, prouver d'une manière frappante tous les avantages du télégraphe électrique dans les rapports privés des citoyens.

En 1848, un convoi de chemin de fer avait apporté à Norwich la nouvelle de la chute du pont suspendu de Yarmouth. Qu'on juge de l'inquiétude et de l'effroi des habitants : ils avaient presque tous leurs enfants en pension à Yarmouth ! Ils coururent en foule à la station du chemin de fer, demandant à grands cris des nouvelles de leurs enfants : « Tous les enfants sont sauvés ! » dit le télégraphe électrique.

Au mois d'octobre 1846, un déserteur du vaisseau américain *la Pensylvanie*, en rade à Norfolk, emporta au comptable du navire une somme de 3 000 francs, et prit, avec le produit de ce vol, le chemin de fer de Baltimore. Le fait reconnu, le comptable se rendit en toute hâte à la station télégraphique de Washington, et fit transmettre à Baltimore le signalement du coupable, avec ordre de l'arrêter. Dix minutes après, la police de Baltimore tenait entre ses mains l'ordre d'arrestation, et au bout d'une demi-heure arrivait à Washington la dépêche suivante : « Le déserteur est arrêté, il est en prison ; que faut-il en faire ? »

On a vu plusieurs fois, en Amérique et en Angleterre, deux amateurs d'échecs, placés à cinquante lieues de distance, faire leur partie par le télégraphe, aussi facilement que s'ils étaient en face l'un de l'autre.

Un mariage fut célébré en 1846, par l'intermédiaire du télégraphe électrique, entre deux personnes dont l'une habitait Boston et l'autre Baltimore, et qui trouvèrent commode d'arranger, sans se déplacer, cette petite affaire. Mais la validité d'un tel mariage devint, à bon droit, la cause d'un procès.

Pendant la célébration d'une messe de mariage dans une paroisse d'Angleterre, l'une des demoiselles d'honneur de la mariée s'esquiva de l'église, et disparut avec l'un de ses admirateurs. Le télégraphe électrique fut aussitôt mis en réquisition sur toutes les lignes de chemins de fer, pour donner l'ordre d'arrêter les fugitifs, fortement soupçonnés d'aller invoquer l'assistance du forgeron de Gretna-Green. Le télégraphe ne fonctionna que trop bien, car, en même temps que les coupables étaient rejoints, quatre couples de jeunes époux, très-légitimement unis dans la matinée, se trouvaient arrêtés sur d'autres points de la même ligne, et voyaient leurs excursions matrimoniales désagréablement suspendues par l'intervention de la police.

Le télégraphe électrique a été mis quelquefois au service de la médecine. Le malade et le médecin étaient installés chacun à l'une des stations ; le malade transmettait les symptômes de son mal, et le docteur donnait la réplique, par l'envoi de son ordonnance. On lisait ce qui suit, dans un journal américain :

« Hier, avant midi, un monsieur entra dans le cabinet du télégraphe, à Buffalo, et témoigna le désir de consulter le docteur Steven, résidant à Lockport. Prévenu de ce désir, le docteur se rendit au cabinet électrique de Lockport. Le monsieur lui annonça alors que sa femme était gravement malade, et lui fit connaître les symptômes caractéristiques de la maladie. Le médecin indiqua les remèdes à employer. Tous deux convinrent ensuite, si la malade n'allait pas mieux, de se retrouver le lendemain matin aux extrémités de la ligne télégraphique. Le lendemain le monsieur ne parut point. Sans doute, la consultation avait amené une guérison subite. »

Ou bien encore, osons-nous ajouter, la malade était morte, en dépit de la consultation électrique.

Sur quelques-uns de nos chemins de fer, sur celui de Strasbourg, par exemple, une heure avant l'arrivée à la station du chemin de fer où a lieu le temps d'arrêt pour le dîner, on demande le nombre des voyageurs qui désirent y prendre part, et à l'arrivée du convoi, le maître d'hôtel, prévenu par le télégraphe, tient le dîner servi pour le nombre exact de voyageurs qui descendent du wagon.

Ce que l'on fait chez nous pour la masse des voyageurs sur une voie de chemin de fer, on le fait aux États-Unis pour chaque voyageur en particulier. Sur le chemin de fer de New-York à Buffalo, on remet à chaque voyageur, en lui délivrant son bulletin, une carte d'objets de consommation sur laquelle sont indiqués les différents mets qu'on peut trouver à la station intermédiaire où l'on s'arrête pour déjeuner. Le voyageur fait son choix, désigne dans un bureau particulier les plats qu'il désire à son déjeuner, et reçoit en échange un numéro ; à son arrivée à la station, il se met à table à la place qu'indique son numéro, et trouve servi le déjeuner qu'il a commandé. Pendant que la vapeur l'emportait, le télégraphe a pris les devants dans l'intérêt de son estomac.

En France, en Allemagne, en Italie, en Suisse, etc., une autre habitude se généralise. Chaque touriste a soin, avant d'arriver dans une ville, de retenir une chambre dans un hôtel à sa convenance, au moyen d'une dépêche électrique, expédiée de la gare d'une station du chemin de fer. Les voyageurs peu avisés ou trop économes, sont ainsi devancés, et regrettent souvent, en arrivant dans la ville et trouvant toutes les chambres occupées, de n'avoir pas fait usage du télégraphe.

Le 1er janvier 1850, le télégraphe électrique prévint en Angleterre, une grave catastrophe de chemin de fer. Un train vide s'étant choqué à Gravesend, le conducteur fut jeté hors de la machine, et celle-ci continua à courir seule et à toute vapeur vers Londres. Avis fut immédiatement donné par le télégraphe à Londres et aux stations intermédiaires ; ensuite le directeur s'élança sur la ligne, avec une autre machine, à la poursuite de l'échappée ; il l'atteignit et manœuvra de manière à la laisser passer ; puis il se mit en chasse après elle. Le conducteur de la machine réussit enfin à s'emparer de la fugitive et tout danger disparut. Onze stations avaient déjà été traversées, et la locomotive n'était plus qu'à deux milles de Londres quand on l'arrêta. Si l'on n'avait pas été prévenu de l'événement, le dommage causé par la locomotive aurait surpassé la dépense de toute la ligne télégraphique Ainsi le télégraphe paya, ce jour-là, le prix de son installation.

Un second fait du même genre arriva, pendant la même année, sur le chemin de fer de Londres au Nord-Ouest. Par un de ces jours sombres et brumeux si communs en Angleterre, une locomotive abandonnée par mégarde à elle-même, prit tout à coup son essor, et s'élança en pleine vapeur, avec une vitesse effrayante, vers la gare d'Easton. Tous ceux qui la virent s'échapper sans guide, sur un chemin parcouru par de nombreux convois, s'attendaient à des accidents terribles. Mais le télégraphe électrique eut bientôt dépassé la fugitive, et en quelques minutes l'événement était transmis à la station de Camden. On eut le temps de tourner les aiguilles de manière à diriger la locomotive égarée sur une voie latérale, où elle ne rencontra que quelques wagons de charge qui arrêtèrent sa course désordonnée.

Le 22 décembre 1854, il se passa sur le chemin de fer de Rion à Dax, dans le département des Landes, un épisode des plus émouvants. Dans un wagon occupé par plusieurs voyageurs, se trouvait une dame des environs de Dax, avec sa fille, âgée d'environ trois ans. Celle-ci, dans un brusque mouvement, se jette contre la portière qui s'ouvre ; et l'enfant tombe sur la voie. La mère, éperdue, veut se précipiter après sa fille ; mais les voyageurs la retiennent, et joignent leurs cris à ceux de cette infortunée, pour faire arrêter le train. Malheureusement ces cris ne sont pas entendus, et l'on arrive à la gare de Dax, où se trouvait le père de la petite fille, attendant la venue du convoi. On juge de la poignante scène qui se passa entre cette mère éplorée et son mari.

Mais déjà le télégraphe électrique avait signalé l'événement sur la ligne, et arrêté à Rion, un nouveau convoi qui se mettait en route. Une locomotive de secours est expédiée, de la gare de Dax, sur le lieu de l'accident. En approchant de l'endroit désigné, la locomotive ralentit sa marche, et bientôt les éclaireurs aperçoivent la petite fille endormie sur la voie, la tête appuyée sur un rail. Elle est aussitôt recueillie, et la locomotive revient à toute vitesse à son point de départ. L'enfant, à son arrivée, se jette dans les bras de sa mère, et après l'avoir couverte de baisers, lui dit :

« J'ai faim, maman, donne-moi du pain ! »

Les journaux anglais ont raconté avec beaucoup de détails le fait suivant, qui produisit à Londres une vive sensation, et qui fournit une preuve éclatante de l'utilité du télégraphe électrique.

Au mois de janvier 1844, un horrible assassinat fut commis à Salthill. L'assassin, nommé John Tawell, s'étant rendu précipitamment à Slough, y prit une place pour Londres, dans le train du chemin de fer qui passait, à cette station, à 7 heures 42 minutes du soir. La police, avertie du crime, était déjà à sa poursuite. Elle arriva à Slough, sur les traces du coupable, presque au moment où le convoi du chemin de fer devait entrer dans Londres. Mais le télégraphe électrique fonctionnait, et pendant que le meurtrier, confiant dans la vitesse extraordinaire du convoi, se croyait en sûreté parfaite, le message suivant volait sur les fils du télégraphe :

« Un assassinat vient d'être commis à Salthill. On a vu celui qu'on suppose être l'assassin prendre un billet de première classe pour Londres, par le train qui a quitté Slough à 1 heures 42 minutes du

soir. Il est vêtu en quaker avec une redingote brune qui lui descend presque sur les talons. Il est dans le dernier compartiment de la seconde voiture de première classe. »

Arrivé à Londres, John Tawell se hâta de monter dans l'un des omnibus du chemin de fer. Blotti dans un coin de la voiture, il se croyait dès ce moment à l'abri de toutes les atteintes de la justice. Cependant le conducteur de l'omnibus, qui n'était autre chose qu'un agent de police déguisé, ne le perdait pas de vue, sûr de tenir son homme, comme un rat dans une souricière. Parvenu dans le quartier de la Banque, John Tawell descendit de l'omnibus, se dirigea vers la statue du duc de Wellington et traversa le pont de Londres ; il entra ensuite au café de Léopard, dans le Borough, et se retira enfin dans une taverne du voisinage. L'agent de police qui, attaché à ses pas, l'avait suivi dans toutes ses évolutions, entra après lui, et tenant la porte entrouverte, lui demanda d'un ton calme :

« N'êtes-vous pas arrivé tout à l'heure, de Slough ? »

À cette question si effrayante pour le coupable, John Tawell se troubla, et balbutia un *non*, qui était l'aveu de son crime. Arrêté aussitôt, il fut mis en jugement, condamné comme assassin et pendu.

À quelques mois de là, dit le journal *the Family Library*, nous faisions le trajet de Londres à Slough, par le chemin de fer, dans une voiture remplie de personnes étrangères les unes aux autres. Tout le monde gardait le silence, comme c'est assez généralement l'usage des voyageurs anglais. Nous avions i déjà parcouru près de quinze milles sans qu'un seul mot eût été prononcé, lorsqu'un petit monsieur, à la taille épaisse, au cou court, à l'air d'ailleurs très-respectable, qui était assis à l'un des coins de la voiture, fixant les yeux sur les poteaux et les fils du télégraphe électrique, qui semblait voler dans un sens opposé au nôtre, murmura tout haut, en accompagnant son observation d'un mouvement de tête significatif :

« Voilà les cordes qui ont pendu John Tawell ! »

ISBN : 978-1519191021

www.ingramcontent.com/pod-product-compliance
Lightning Source LLC
Chambersburg PA
CBHW051911170526
45168CB00001B/342